普/通/高/等/教/育/规/划/教/材

测绘实训

李希灿　主编

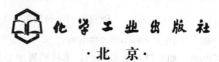

化学工业出版社

·北京·

本书主要内容包括：测绘实训的基本要求，数字测图原理与方法、大地测量学、卫星定位原理与应用、数字摄影测量学、遥感原理与应用、地理信息系统原理及应用、地籍与房产测量、工程测量学、遥感图像解译、数字城市建设与管理、测绘程序设计和高光谱遥感等主要测绘专业类课程的实验、实习和课程设计的实训，以及毕业综合实习和毕业论文实训。

本书编写重视培养学生的自学能力，突出实训过程，加强操作环节指导，理论联系实际，注意精选保留传统测绘实训的基本内容，适当充实了数字城市、高光谱遥感等测绘科学新技术。教材系统性强，内容精练，文字通俗易懂，便于自学。

本书为高等学校测绘类课程的实训教材，亦可供广大工程技术人员阅读参考。

图书在版编目（CIP）数据

测绘实训/李希灿主编．—北京：化学工业出版社，2015.6

普通高等教育规划教材

ISBN 978-7-122-23735-4

Ⅰ.①测… Ⅱ.①李… Ⅲ.①测绘-高等学校-教材 Ⅳ.①P2

中国版本图书馆 CIP 数据核字（2015）第 082028 号

责任编辑：王文峡　　　　　　　装帧设计：史利平
责任校对：吴　静

出版发行：化学工业出版社（北京市东城区青年湖南街 13 号　邮政编码 100011）
印　　刷：北京市振南印刷有限责任公司
装　　订：三河市宇新装订厂
787mm×1092mm　1/16　印张 12½　字数 296 千字　2015 年 7 月北京第 1 版第 1 次印刷

购书咨询：010-64518888（传真：010-64519686）　售后服务：010-64518899
网　　址：http://www.cip.com.cn
凡购买本书，如有缺损质量问题，本社销售中心负责调换。

定　　价：28.00 元

编写人员

主　编　李希灿

副主编　齐建国　刁海亭　赵立中　厉彦玲

参　编　梁　勇　常小燕　万　红　杜　琳　董　超

　　　　丛康林　胡　晓　齐广慧　郭　鹏　赵传华

主　审　梁　勇

前言

为满足卓越工程师教育培养计划的需要，由山东农业大学测绘科学与工程系根据高校测绘工程、遥感科学与技术等专业的人才培养方案的要求编写此书。

本书编写重视培养学生的自学能力，突出实训过程，加强操作环节指导，理论联系实际，注意精选保留传统测绘实训的基本内容，适当充实了数字城市、高光谱遥感等测绘科学新技术。教材系统性强，内容精练，文字通俗易懂，便于自学。除可作为测绘类专业的实训教材外，亦可供广大工程技术人员阅读参考。

本书共分 15 章，参加本书编写的有：李希灿（编写第 1、13~15 章及第 2 章 1~4 节、9~13 节），杜琳（编写第 2 章 5~8 节），丛康林、赵传华（编写第 3 章），胡晓（编写第 4 章），厉彦玲、齐广慧（编写第 5 章），齐建国（编写第 6 章），刁海亭（编写第 7 章），常小燕（编写第 8 章），赵立中、丛康林（编写第 9 章），万红、郭鹏（编写第 10 章），梁勇（编写第 11 章），董超（编写第 12 章）。全书由李希灿担任主编并统稿，齐建国、刁海亭、赵立中、厉彦玲担任副主编。本书由山东农业大学梁勇担任主审，在此深表谢意！谨向本书中参考的有关文献资料的原作者表示诚挚的谢意！感谢化学工业出版社所做的辛勤工作！

由于编者水平有限，书中不妥之处在所难免，敬请读者批评指正。

编者
2015 年 2 月

目 录

第4章 卫星定位原理与应用课程实训 43

第5章 数字摄影测量学课程实训 55

第6章 遥感原理与应用课程实训 67

第14章 毕业实习实训 172

第15章 毕业论文(设计)实训 176

参考文献 190

第①章 测绘实训的基本要求

测绘实训包括课程实验、综合实习、课程设计、毕业实习和毕业论文。本章主要介绍测绘实训的教学内容、教学目标、基本要求和注意事项，以及实训成绩评定的依据。

1.1 测绘实训的教学内容

测绘实训的教学内容来源于测绘类专业本科人才培养方案，在内容安排和学时分配上，各校之间可能存在差异。根据山东农业大学多年的教学经验和编写的测绘类专业本科人才培养方案，测绘实训的教学内容安排见表 1-1。

表 1-1 测绘实训的教学内容

序号	课程名称	总学时	理论学时	实验学时	综合实习/周	课程设计/周
1	数字测图原理与方法	88	56	32	4	—
2	大地测量学基础	68	52	16	1	0.5
3	卫星定位原理与应用	48	38	10	1	0.5
4	数字摄影测量学	64	48	16	2	1
5	遥感原理与应用	48	38	10	1	—
6	地理信息系统原理及应用	48	40	8	1	—
7	工程测量学	56	40	16	1	1
8	地籍与房产测量	48	40	8	1	—
9	遥感图像解译	48	34	14	1	—
10	数字城市建设与管理	40	30	10	—	—
11	测绘程序设计	64	32	32	—	—
12	高光谱遥感	40	20	20	—	—
13	毕业实习	—	—	—	10	—
14	毕业论文(设计)	—	—	—	5	—

注：理论课 16 学时为 1 学分，实验课 32 学时为 1 学分，"—"表示无。

1.2 测绘实训的教学目标

测绘实训分课程实验、综合实习、课程设计、毕业实习和毕业论文，各实训环节的教学目的也各有侧重。总而言之，测绘实训的教学目标是通过实训增强学生对基本概念、原理和方法的理解，巩固和运用书本知识，提高测绘仪器的操作技能，掌握测量工作的基本程序，学会团结配合和友好协作，全面提升综合素质和创新能力，达到测绘本科专业的培养目标，为社会培养卓越工程师人才。

1.2.1 课程实验的教学目标

课程实验是课程教学过程中的基础环节，是指通过简单的实验项目达到学生巩固所学课程基本理论为目标的实践教学。课程实验应遵守循序渐进的原则，便于学生认知、理解和掌握。通过课程实验，使学生逐步掌握测量仪器或软件的基本操作方法，提高动手能力，掌握操作技能，增强对基本概念、原理和方法等知识点的理解。

1.2.2 综合实习的教学目标

综合实习是课程教学过程中的系统环节，是指通过综合性的教学实习达到学生系统掌握所学课程知识和提高综合技能为目标的实践教学。综合实习应遵守全面系统、紧密结合实际的原则，便于学生全面理解、系统掌握和综合提高。通过综合实习，使学生熟练掌握测量仪器或软件的基本操作方法，提高动手能力和操作速度，全面掌握操作技能与技巧，了解测绘工作的基本程序，增强对基本概念、原理和方法等课程知识的系统理解，增强集体主义观念、劳动观念，培养实事求是、一丝不苟和艰苦朴素的工作作风，学会发现问题和解决问题。

1.2.3 课程设计的教学目标

课程设计是课程教学过程中的可选环节，是指通过综合性的设计达到学生系统掌握所学课程基本知识和提高综合分析问题能力为目标的实践教学。课程设计应遵守针对性强、难度适中和综合运用知识的原则，便于学生分析问题、解决问题和应用知识。通过课程设计，使学生增强对基本概念、原理和方法等课程知识的系统理解，增强对课程知识及相关基础课程知识的应用能力，学会发现问题和解决问题，培养学生的创新意识、创新思维和创新精神。

1.2.4 毕业实习的教学目标

毕业实习是专业人才培养过程中的综合环节，是指通过综合性的大实习达到学生系统掌握所学专业知识和提高专业技能为目标的实践教学。毕业实习应遵守系统全面、综合运用专业知识和紧密结合生产实际的原则，便于学生系统运用专业知识，提高综合素质和实践创新能力。通过毕业实习，使学生熟练掌握测量仪器或软件的基本操作方法，全面掌握测量仪器操作技能与技巧，增强对所学专业知识的系统理解和应用能力，掌握测绘生产的基本流程，能解决生产的基本问题，学会编写测绘生产项目技术设计书和总结报告，增强知识价值观和劳动观念，提高综合素质和创新能力。

1.2.5 毕业论文（设计）的教学目标

毕业论文（设计）是专业人才培养过程中最后的一项综合环节，是指通过撰写论文或毕业设计达到学生系统运用所学专业知识和提高解决问题综合技能为目标的实践教学。毕业论文（设计）选题应遵守针对性强、难度适中和综合运用专业知识的原则，便于学生发现、分析和解决实际问题，系统应用专业知识。通过实验数据采集、分析和毕业论文或设计报告撰写，使学生进一步熟练掌握测量仪器或软件的基本操作方法，增强专业课及相关基础课程知识的应用能力，学会发现问题和解决问题，学会文献查找和科技论文（设计书）撰写的方法，培养学生的创新精神和创新能力，培养学生的探索兴趣和科学精神。

1.3 测绘实训的基本要求

根据测绘实训的教学目标，在安排实训教学内容时，要突出课程实验、综合实习、课程设计、毕业实习和毕业论文各自的实训重点，明确目的和要求。

1.3.1 课程实验的基本要求

（1）每个课程实验的内容应具有相对独立性，具有特定的实训目的；
（2）课程实验安排应循序渐进，由易到难，符合教育认知规律；
（3）课程实验的目标要明确，技术要求规范，实训任务具体明了；
（4）课程实验的指导教师要精心指导，既要现场示范又要传授操作要领和技巧；
（5）学生应根据指导教师的安排准时领取仪器和工具，确保仪器和人身安全；
（6）学生应积极主动地参加课程实验，严格按照规范操作，按时完成实验任务；
（7）实验课结束后，实习小组或个人应及时上交实验报告或实习记录；
（8）指导教师应及时批阅实验报告或实习记录，登记课程实验成绩。

1.3.2 综合实习的基本要求

（1）综合实习的内容应融合课程的知识与技术，系统全面，可操作性强；
（2）综合实习安排应紧密结合实际，尽量与生产项目相结合；
（3）综合实习的目标要明确，技术要求要规范，各项实习内容要具体；
（4）实习前，要开实习动员会，强调实习的重要性，安排好实习内容和实施计划；
（5）学生应根据指导教师的安排准时领取仪器和工具，确保仪器和人身安全；
（6）学生应积极主动地参加实习，严格按照规范操作，按期完成阶段性实习任务；
（7）学生应及时向指导教师汇报实习中出现的问题，保证联系畅通；
（8）指导教师应及时巡视指导，解答学生实习中的问题，全面了解实习情况；
（9）指导教师应掌握实习进度，做好阶段性总结，安排好下一步实习任务；
（10）综合实习结束后，实习小组或个人应及时上交实习报告和实习资料；
（11）指导教师应及时开实习总结会，批阅实习报告，认真查看各组实习资料，合理评定实习成绩。

1.3.3 课程设计的基本要求

（1）课程设计的内容应融合课程的基本原理与方法，针对性强；
（2）课程设计选题应理论联系实际，难易程度适中，具有一定的创新性；
（3）课程设计的目标要明确，技术路线设计合理，数据易于获取，分析方法可行；
（4）下达任务时，指导教师应强调课程设计的重要性，安排好题目和实施计划；
（5）学生应根据设计内容广泛收集资料，理清思路，拟订设计目的，分步实施；
（6）指导教师应及时指导，解答学生设计中遇到的问题，全面了解进展情况；

（7）任务完成后，学生应按规定格式撰写课程设计报告书，并及时上交；

（8）指导教师应及时批阅课程设计报告书，合理评定课程设计成绩。

1.3.4 毕业实习的基本要求

（1）毕业实习的内容应融合所学专业知识与技能，高度综合，系统全面；

（2）毕业实习安排应鼓励学生走出校门，深入到测绘生产第一线，参加实践锻炼；

（3）毕业实习的目标要明确，学生可根据自己的发展方向，灵活选择实习单位；

（4）专业主任应开好毕业实习动员会，强调毕业实习的重要性和注意事项；

（5）学生在外出实习前，要与学院团委签订安全协议书，办理请假手续；

（6）学生在外出实习期间，要服从实习单位的领导，遵纪守法，确保安全；

（7）学生应积极参加生产实践锻炼，综合运用所学知识，全面提高自身素质；

（8）学生应及时向指导教师汇报实习情况，保证联系畅通；

（9）指导教师应经常了解学生的实习和生活情况，认真解答学生实习中的问题；

（10）毕业实习结束后，学生应主动让实习单位开具实习证明，填好实习评语；

（11）学生返校后，应及时销假，总结实习经验，撰写并上交毕业实习报告；

（12）指导教师应及时找学生面谈，了解情况，批阅实习报告，评定实习成绩。

1.3.5 毕业论文的基本要求

（1）毕业论文的内容应融合所学专业知识与技能，要有针对性和创新性；

（2）毕业论文选题应理论联系实际，难易程度适中，具有一定的探索性；

（3）毕业论文撰写的目标要明确，技术路线设计合理，实验与分析方法可行；

（4）学生要用先进手段获取可靠的实验数据，进行详细分析，总结出合理的结果；

（5）根据"3+1"培养模式（在校3年，实践锻炼1年），毕业论文双选（选指导教师，选论文题目）应在第6学期末完成，并进行论文开题工作；

（6）学生应根据毕业论文题目广泛收集资料，查阅相关国内外文献，理清思路，撰写论文开题报告；

（7）毕业论文应严格执行论文开题制度，帮助学生理清论文撰写目标和写作思路；

（8）根据毕业论文的技术路线，学生应开展实验获取数据，广泛收集资料，详细分析实验数据，按照规定的论文格式撰写论文，并填写毕业论文手册中的论文写作日志；

（9）学生应主动向指导教师汇报论文写作中遇到的问题，按期完成论文写作；

（10）指导教师应及时解答学生提出的问题，全面指导学生论文写作，以及考研和就业问题；

（11）学生完成论文初稿后，指导教师应认真评阅，提出改进意见；

（12）学生应根据指导教师的修改建议，对论文进行认真修改和完善，规范论文格式，凝练创新点；

（13）毕业论文定稿后，学生应及时填写论文自评语和论文答辩申请表；

（14）指导教师应及时填写学生论文评价表，同时开展同行评价，并明确是否同意学生参加毕业论文答辩；

（15）专业主任负责审核工作，根据指导教师和同行评价意见，应及时填写是否同意学生参加毕业论文答辩的批语；

(16) 参加论文答辩的学生应制作 PPT 论文答辩课件，并准时参加论文答辩会；

(17) 论文答辩的 PPT 课件内容应清晰明了，重点汇报分析结果和创新点；

(18) 在论文答辩过程中，学生要准确、简练地回答老师提出的问题，认真记录老师提出的修改建议，答辩秘书应做好答辩记录；

(19) 在论文答辩完成后，通过论文答辩的学生要根据老师提出的修改建议，进一步完善论文内容和格式；

(20) 论文答辩小组应及时评价学生论文答辩情况，并填写毕业论文答辩意见，根据论文写作质量、答辩表现综合确定学生毕业论文成绩；

(21) 论文答辩小组成员应及时整理毕业论文答辩资料，收齐所有学生毕业论文和资料后，送院教学档案室归档。

1.4 测绘实训的注意事项

在实验准备、仪器借还、仪器操作、观测数据记录和计算等环节，测绘实训都应按要求进行，以确保实训效果和安全。

1.4.1 测绘实训须知

测绘实训是教学的一个重要环节，目的在于理论联系实际，培养学生的实际操作技能，巩固理论知识。因此，学生必须注意以下几点。

(1) 高度重视测绘实训。课前应做好准备，阅读教材和测绘实训指导书中的相关内容，明确实训目的和要求，要借用的实验仪器和工具，清楚实验实习步骤。

(2) 外业实训以小组为单位进行，每组 4～5 人，在指导教师的指导下开展工作。组长负责本组的实训工作，负责仪器和工具的借还和保管。

(3) 实训课无论室内还是室外，都要遵守上课纪律，在指定场地进行，不得迟到、旷课和早退，共同维护实训秩序，齐心协力完成计划的任务。

(4) 实训过程中，要严格遵守"测绘仪器借领规则"、"测绘仪器工具使用规则"和"测绘资料记录计算规则"。

(5) 要及时归还仪器和工具，按时上交测绘实训成果和报告。

1.4.2 测绘仪器借领规则

(1) 仪器借领由小组长办理，并抵押本人校园卡，填写仪器借领登记簿。借领人为测绘仪器的直接责任人。

(2) 仪器借领时应当场清点检查。检查仪器箱盖是否完好，背带提手是否牢固，仪器工具及其附件是否齐全完好，脚架是否完好牢固等，发现问题立即向实验室管理员提出。

(3) 离开借领地点前，必须锁好仪器箱并捆好各种工具；搬运仪器工具时，必须轻取轻放，避免剧烈震动。

(4) 借出仪器和工具后，要妥善保管，不得擅自与其他小组调换或转借。

（5）实训结束后，应及时收装仪器工具，送还借领处；由实验室管理员检查验收后，注销借领手续，取回校园卡。

（6）如有仪器和工具遗失或损坏，必须写出书面报告，详细说明情况，并按学校相关规定给予赔偿。

1.4.3 测绘仪器工具使用规则

测量仪器一般比较精密、贵重，使用不当会造成仪器损坏、精度降低，甚至会发生仪器报废等责任事故，直接影响教学秩序。因此，学生务必遵守仪器使用规则。

1.4.3.1 仪器安置规则

（1）在三脚架安置稳妥后方可打开仪器箱。仪器箱应置于地面或其他平稳处才能开箱，严禁将仪器箱托在手上或抱在怀里开箱，以免损坏仪器。

（2）打开仪器箱后，要看清并记住仪器在箱中的放置位置，以便使用完后正确装箱。

（3）从箱中取出仪器时应轻拿轻放。在取出和使用仪器过程中，严禁用手触摸仪器的目镜和物镜，严禁用手指或手帕等物品擦拭仪器的镜头等光学部件。

（4）仪器安置的高度和跨度要适宜。在坚实的平地上三个架腿的长度应大体一致，并用力适当旋紧架腿固定螺旋。一般脚架安置高度与肩同高。若在较光滑的地面上安置仪器，要采取防滑安全措施，防止因脚架滑动摔坏仪器。在松软土地上，三个架腿要踏稳，防止架腿自行沉降和倾倒。仪器放于架头上后，要立即旋紧仪器和脚架的中心连接螺旋，以防仪器滑落。

（5）安置好仪器后，随即关闭仪器箱盖，并锁紧锁扣，以免沙土、水汽进入箱内。严禁蹬、坐仪器箱及其他测量工具。

1.4.3.2 仪器工具使用规则

（1）仪器安置后，不论操作与否，必须有人看护，以防无关人员搬弄或行人车辆碰撞，确保安全。

（2）转动仪器时，应先松开制动螺旋，再平稳匀力转动，操作要准确、轻捷。

（3）制动螺旋的松紧要适度，微动螺旋和脚螺旋不要旋到尽头，安置仪器前将螺旋转至中间位置，使用各螺旋都应均匀用力，以免损伤螺纹。

（4）在仪器使用过程中，下雨时应立即停止使用，不得让仪器淋雨；晴天阳光强烈时，应给仪器打太阳伞，不得暴晒仪器。

（5）仪器不用时应放在通风、干燥、安全的地方。标尺、对中杆等条状工具不用时，应顺路平放于地面，不得靠立在墙上、树上，防止倒下摔坏。

1.4.3.3 仪器搬迁规则

（1）精密仪器的搬迁、普通仪器的长距离或行走不便地区搬迁时，应装箱搬迁，搬迁中切勿跑行。

（2）普通仪器短距离迁站时，可将仪器连同脚架一同搬迁。具体方法：检查并旋紧仪器连接螺旋，松开各制动螺旋使仪器保持初始位置（经纬仪、全站仪望远镜对向度盘中心，水准仪物镜向后），收拢脚架，双手紧握架腿，将仪器靠在左肩，使仪器近似于直立状态下稳步搬迁。严禁斜扛、横拿仪器，以防损坏。

（3）每次迁站前，要清点所用工具及附件，防止丢失。

1.4.3.4 仪器装箱规则

（1）在每次使用完仪器后，应及时清除仪器上的灰尘及脚架上的泥土。

（2）撤卸仪器前，应先将仪器脚螺旋调至大致同高的位置，再一手抓住仪器，一手松开连接螺旋，双手取下仪器。

（3）仪器装箱前，应先松开各制动螺旋，按正确位置放于仪器箱内，并先试盖箱盖，确认安放正确后，将仪器箱盖扣紧锁好。若合不上盖口，应检查原因，切不可强行用力压箱盖，以防损坏仪器。

1.4.4 测绘资料记录计算规则

测量资料的记录是测量成果的原始数据和评价实训效果的重要依据，为保证测量原始数据的绝对可靠，实训时应养成良好的职业习惯，必须严肃认真、一丝不苟，严格遵守以下规则。

（1）外业记录必须直接填写在规定的表格内，不得用零散纸张记录后再转抄。

（2）外业手簿的记录和计算均用 2H 或 3H 铅笔记载。字体应端正清晰，字体大小占表格的三分之二，字脚靠近底线，留的空白作改正错误用。

（3）记录表格或手簿上，规定应填写的项目均要如实填写齐全。

（4）记录的数字应齐全，且数位对齐，表示精度或占位的 0 均不能省略，如水准测量中的 0234 或 1500，角度观测中的 $6°05'08''$ 或 $255°20'00''$ 中的 0 均不得省略。

（5）观测者读数后，记录者要边记录边复诵，以防听错记错。

（6）禁止擦除、涂改或挖补已记录的数据。发现错误（或写错）应在错误处用细横线划去，将正确数字写在原数字上方，不得使原数字模糊不清；废弃某一测站或某一测回的记录时，用直尺画一斜线表示作废。

（7）修改或废弃的观测记录，必须在备注栏内注明原因，如注明测错、记错、算错或超限等。

（8）禁止连环更改数据。如已修改了平均数，又计算该平均数，则所有原始数据都不得涂改。

（9）原始观测值的尾数读数不得更改，读错后必须重新记录。例如，水准测量时，毫米级数字出错，应重测该测站；角度测量时，秒级数字出错，应重测该测回；量距时，毫米级数字出错，应重测该尺段。

（10）测量成果的整理与计算应在规定的表格上进行，数据运算应根据所取位数，按"4舍6入，5前奇进偶舍"的规则进行凑整。如 1.2435 记为 1.244，而 1.2425 则记为 1.242。

1.4.5 外出实习的注意事项

校外实习不同于在校内实习，影响因素更多，除严格遵守以上规则外，还要注意以下事项。

（1）密切关注天气。外出实习前要密切关注近期是否有雨、雪、雾、霾等天气情况。实习过程中如出现下雨、下雪等突发天气变化，可根据实际情况请示指导教师后作出决定。

（2）选择合理出行时间，如需乘公交车到达实习地点的要注意避开上下班高峰期。

（3）步行外出要遵守交通规则，需要迁站过马路时，要左右查看确认安全后再快速通过，切勿在马路中间逗留，确保安全。

（4）公交车上拿放仪器和上下车时，注意不要碰到车厢和乘客，避免带来不必要的麻烦；乘车时要看护好仪器和贵重物品，以防丢失。

（5）校外实习要求学生穿戴反光衣，安置好仪器后按照规定安放警示牌。实习过程中相应工作完成后要在路边看守，切勿到处乱跑、嬉戏打闹。在工地或井下实习要戴安全帽。

（6）校外实习要确保饮食安全。实习过程中不要乱吃路边种的瓜果，防止中毒事件发生。

（7）各实习小组要协调好已知点使用情况，切忌出现两个组在同一时段使用同一已知点的情况，以防冲突。

（8）安置仪器尽量在人行道上或路边，确保人身和仪器安全。

（9）尽量不要与无关人员闲聊，防止信息泄密或受骗上当。

（10）其他未描述到的突发情况，要灵活处理，及时联系指导教师。

1.5 测绘实训成绩评定

测绘实训成绩评定不同于笔试课程，涉及的评价因素较多，既要反映学生的专业知识和技能掌握情况，又要反映学生遵守纪律、爱护仪器和团结配合的情况，以及考查学生发现问题和解决问题的能力，有些因素还不易全面掌握。因此，评定测绘实训成绩时，应综合考虑，但不宜过细量化。

1.5.1 成绩评定的等级

测绘实训成绩评定的等级一般分为优秀、良好、中等、通过和不通过五个等级。

实训成绩不通过者，必须跟下年级学生重新参加实训，方可评定成绩。

1.5.2 成绩评定的依据

测绘实训成绩评定是对学生实训效果的综合度量，应考查学生在整个实训环节的各方面表现情况，客观合理地评定。考查方式包括在实习中观察学生的操作情况、口试质疑、笔试和操作演示等。评定成绩时，要依据学生以下方面的表现综合确定。

1.5.2.1 实验实习成绩评定的依据

（1）外业工作态度及仪器操作熟练程度；

（2）外业记录整洁清晰、内业计算准确性；

（3）保管和爱护仪器情况；出现仪器事故的，成绩降低一个等级；

（4）遵守纪律、团结同学、克服困难情况；

（5）无故旷课一天者，以不通过论处，一天以内者，适当降低实习成绩档次；

（6）编写实习报告和实习项目现场考核情况，未交成果资料和实习报告甚至伪造成果者，均作不通过处理；

（7）实习小组的整体完成任务情况，个人表现情况；

（8）实习单位对学生的综合评价意见。

1.5.2.2 课程设计与毕业论文（设计）成绩评定的依据

（1）资料收集、调查论证情况；

（2）实验方案设计与实验技能情况；

（3）分析问题与解决问题的能力表现；

（4）工作量与工作态度；

（5）论文（设计）的质量；

（6）论文（设计）的创新性；

（7）指导教师和评阅教师的意见，毕业论文（设计）的答辩情况。

1.5.3 成绩评定的等级标准

在全面了解学生测绘实训情况的基础上，综合确定每一个学生的实训成绩等级。根据实训项目的特点和相近性，从实验实习、课程设计与毕业论文（设计）两个方面给出成绩评定的等级标准。

1.5.3.1 实验实习成绩评定的等级标准

（1）优秀等级标准　能正确理解实验实习项目的目的和要求，动手能力强，仪器操作熟练；学习态度端正，积极主动，团结配合，能又好又快完成各项任务；测量表格记录计算规范，资料整理齐全；会分析和处理遇到的问题，有一定创新精神和能力；工作扎实，细致严谨，吃苦耐劳，综合素质得到全面提高。

（2）良好等级标准　能理解实验实习项目的目的和要求，动手能力较强，仪器操作较熟练；学习态度端正，积极主动，团结配合，能顺利完成各项任务；测量表格记录计算较规范，资料整理较齐全；遇到问题能及时请教，有较好的创新意识和思维；工作扎实，细致严谨，吃苦耐劳，综合素质有较大提高。

（3）中等等级标准　粗浅理解实验实习项目的目的和要求，动手能力一般，仪器操作不太熟练；学习态度端正，积极主动，团结配合，能基本完成各项任务；测量表格记录计算基本规范，资料整理基本齐全；遇到问题能及时请教，消除疑虑并及时改进；工作基本扎实，吃苦耐劳，综合素质有所提高。

（4）通过等级标准　机械性理解实验实习项目的目的和要求，动手能力差，仪器操作不熟练；学习态度基本端正，积极主动性差，能勉强完成各项任务；测量表格记录计算欠规范，资料整理欠齐全；遇到问题缺乏解决办法，不善于思考与请教；工作不扎实，不愿吃苦耐劳，综合素质有待提高。

（5）不通过等级标准　有以下情况之一的，实验实习成绩以不通过论处：

① 不能按时提交实验实习报告者；

② 实验实习报告书写潦草、内容杂乱无条理，超过一半内容是不正确的；

③ 实验实习报告内容有 50％以上是抄袭别人的成果；

④ 经老师指导仍无法完成实验实习任务、不求上进者；

⑤ 无故旷课 1 天者。

1.5.3.2　课程设计与毕业论文（设计）成绩评定的等级标准

（1）优秀等级标准　能正确理解论文或设计项目的目的和要求，内容丰富，技术路线合理，数据可靠，方法先进；学习态度端正，积极主动，能又好又快地完成任务；论文或设计书的格式规范，逻辑清晰，语言精练，数据分析合理，研究结果有一定创新性和实用价值；能综合应用专业知识，治学严谨，会分析和处理遇到的问题，有一定创新精神和能力；论文工作量饱满，答辩重点突出，表达流畅，上交资料齐全。

（2）良好等级标准　能理解论文或设计项目的目的和要求，内容丰富，技术路线合理，数据可靠，方法较先进；学习态度端正，积极主动，能顺利完成任务；论文或设计书的格式较规范，逻辑清晰，语言精练，数据分析较合理，研究结果有一定实用价值；能较好综合应用专业知识，治学严谨，遇到问题能及时请教，有较好的创新意识和创新思维；论文工作量较饱满，答辩重点突出、表达较流畅，上交资料齐全。

（3）中等等级标准　粗浅理解论文或设计项目的目的和要求，内容丰富，技术路线基本合理，数据可靠，方法可行；学习态度端正，积极主动，能基本完成任务；论文或设计书的格式基本规范，逻辑清晰，语言欠精练，数据分析基本合理，研究结果有一定参考价值；能应用专业知识，治学严谨，遇到问题能及时请教，在老师指导下解决问题；论文工作量基本饱满，答辩重点欠突出、表达欠流畅，上交资料基本齐全。

（4）通过等级标准　机械性理解论文或设计项目的目的和要求，内容不丰富，技术路线基本合理，数据可靠，方法基本可行；学习态度基本端正，积极主动差，能勉强完成任务；论文或设计书的格式基本规范，逻辑尚清晰，语言不精练，数据分析不透彻，研究结果的参考价值较小；应用专业知识的能力一般，遇到问题缺乏解决办法，不善于思考与请教；论文工作量不饱满，答辩重点不突出、表达不流畅，上交资料基本齐全。

（5）不通过等级标准　有以下情况之一的，论文或设计成绩以不通过论处：

① 不能按时提交论文或设计报告者；

② 论文或设计报告书写潦草、内容杂乱无条理，超过一半内容是不正确的；

③ 论文或设计报告内容有 50％以上是抄袭别人的成果；

④ 经教师指导仍无法完成论文或设计任务、不求上进者。

1.6 实习报告的编写

实习报告应在实习期间编写，实习结束时上交。报告应反映学生在实习中所获得的一切知识，编写时要认真，力求完善，实习报告应包含如下内容。

（1）封面　实习名称、地点、起止日期、班级、组别、姓名、指导教师等。

（2）目录

（3）前言　实习目的、任务和要求。

（4）正文　实习的项目、程序、方法、精度、计算成果及示意图，按实习顺序逐项编写。

（5）结束语　实习的心得体会、意见和建议。

第②章 数字测图原理与方法课程实训

数字测图原理与方法是一门专业基础课，要求学生掌握数字测图的基本概念、原理与方法，熟练掌握水准仪、经纬仪、全站仪等测绘仪器的基本操作技能，以及数字成图软件的基本操作流程。

2.1 课程实训教学目标

本课程通过实验与综合实习达到如下目标。

（1）巩固基础理论知识　通过课程实验教学，使学生巩固数字测图的基本概念、原理和方法，加深对书本知识的系统理解。

（2）提高仪器操作技能　较为熟练地掌握水准仪、经纬仪、全站仪等测绘仪器的基本操作技能，提高数字成图的能力。

（3）掌握测绘工作程序和技术要求　熟练掌握水准测量、角度测量、控制测量、碎部测量、数字成图的工作程序和精度要求；初步具备小区域数字测图的工作能力。

（4）提高综合素质和创新精神　增强集体主义观念、劳动观念，培养实事求是、一丝不苟、吃苦耐劳的工作作风；学会发现问题和解决问题，提高创新能力。

2.2 课程实验内容及学时安排

本课程安排实验 10 个，共计 32 学时，具体实验内容及学时分配见表 2-1。

表 2-1　实验内容及学时分配

序号	实验内容	学时	序号	实验内容	学时
1	水准仪的认识及基本操作	2	6	测回法竖直角观测	2
2	普通水准测量	2	7	全站仪的认识及基本操作	2
3	四等水准测量	4	8	全站仪控制测量	4
4	光学经纬仪的认识及操作	2	9	全站仪碎部测量	6
5	测回法水平角观测	4	10	CASS7.0 软件数字化成图	4

2.3 水准仪的认识及基本操作

2.3.1 实验目的

了解 DS_3 型水准仪的结构与基本部件，认识其主要部件的名称和作用。掌握水准仪的基本操作步骤，学会水准尺的读数方法，进一步理解水准测量的原理。

2.3.2 实验设备

DS$_3$ 型水准仪 1 台，三脚架 1 个，水准尺 1 对，尺垫 1 个，记录板 1 块。

2.3.3 实验步骤

（1）安置仪器 打开三脚架，调节架腿长度，张开放置脚架，使其高度适中；然后从箱中取出仪器，用连接螺旋将其与三脚架头连紧；调节仪器的各脚螺旋至中间位置，固定两条架腿，调整第三条架腿的位置，使架头大致水平，再将三脚架踩实。

（2）粗平 先任选一对脚螺旋，按气泡运行的方向（与左手大拇指旋转方向一致），用双手同时反向转动两个脚螺旋，将气泡调至这两个脚螺旋连线的垂直平分线上，再调节第三个脚螺旋使气泡居中。如此反复，直至圆气泡居中为止。

（3）调焦与瞄准 调焦与瞄准的作用是使观测者能通过望远镜看清楚并瞄准水准尺，以便正确读数。按目镜调焦、粗略瞄准、物镜调焦、精确瞄准和消除视差 5 步进行操作。

（4）精平 旋转微倾螺旋，使符合水准气泡严格居中，从而使视准轴精确水平。右手大拇指的运动方向与符合气泡中左侧半个气泡像的移动方向一致。此操作需反复进行。

（5）读数 水准管气泡符合后，立即读取十字丝横丝在水准尺上的读数。无论望远镜成正像还是成倒像，在读数时应遵循从小到大的读数原则，倒像从上往下读，正像从下往上读，分别读出米、分米、厘米，并估读至毫米。

2.3.4 实验要求

（1）熟悉水准仪的基本部件、功能和基本操作方法。

（2）每位同学要掌握水准仪的基本操作步骤，至少操作 1 次，学会水准尺的读数方法，做到准确读数。

2.3.5 注意事项

（1）打开仪器箱时，要记住水准仪在箱中的放置位置，以便原位放回；收工时把仪器按原位放入箱内，扣好箱盖并加锁，确保搬运过程中的仪器安全。

（2）水准尺在搬运过程中要肩扛或手提，不准在地上拖拉着走。使用过程中，必须有人扶尺并手持把手，立尺要直，不准把水准尺斜靠在墙上或树上。

（3）安置仪器时，要把连接螺旋用力适当拧紧，通过移动一个三脚架使圆水准器气泡尽量居中，以便提高粗平的速度。

（4）操作仪器时，水平制动螺旋要用力适当，转动望远镜要缓慢，不准在制动的情况下用力转动望远镜。望远镜水平微动的范围有限，在瞄准水准尺前，应使微动螺旋的机构处在中间位置。

（5）用望远镜瞄准水准尺时，要先利用准星粗略瞄准，在望远镜视场看到水准尺后，再调焦和精确瞄准。

（6）在读数前，一定要精平，使长水准管气泡居中后再读数。

2.4 普通水准测量

2.4.1 实验目的

掌握普通水准测量的基本操作步骤，学会观测、记录、计算的方法，进一步理解普通水准测量的工作程序。

2.4.2 实验设备

DS$_3$型水准仪1台，三脚架1个，水准尺1对，尺垫2个，记录板1个。

2.4.3 实验步骤

（1）测站仪器安置　打开三脚架，把水准仪用连接螺旋固定在三脚架头上，使架头大致水平，高度适中，再粗平仪器。

（2）后视读数　先松开水平制动螺旋，转动望远镜，瞄准后视尺黑面，精平后读取后视读数 a。

（3）前视读数　松开水平制动螺旋，转动望远镜，瞄准前视尺黑面，精平后读取前视读数 b。

（4）记录计算　在观测员读数完毕后，记录员应立即将读数记在普通水准测量记录表中，并计算出一个测站的高差 $h = a - b$，即一个测站的高差等于后视读数减去前视读数。

（5）迁站继续测量　一个测站测量完毕后，本站的前视尺不动，后视尺前进，观测员搬仪器到下一站，重复步骤（1）～（4），继续进行测量。

2.4.4 实验要求

（1）操作要求　每位同学要测量一条闭合水准路线，测量3～5站，掌握普通水准测量的基本操作方法和工作程序。

（2）技术要求　水准路线的高差闭合差 f_h 应小于限差 $f_{h容}$，即 $f_{h容} = \pm 12\sqrt{n}\,\text{mm}$，或 $f_{h容} = \pm 40\sqrt{L}\,\text{mm}$；$n$ 表示测站数，L 表示路线长度，以 km 为单位。

2.4.5 注意事项

在进行普通水准测量时，除水准仪基本操作的注意事项外，还应注意以下几点。

（1）在读完后视读数，转动望远镜瞄准前视尺时，若圆水准器的气泡不居中，不准再进行粗平，以防同一测站的仪器高变动。

（2）水准尺立尺要直，立尺员要直身站在尺后，双手扶尺。

（3）在读数前，一定要精平，读完后视读数，瞄准前视尺读数时，也一定要精平后再读数。

（4）记录员在记录读数时要复诵，记录要用铅笔记录，书写清晰、准确，各项计算要准确无误。

2.4.6 普通水准测量记录表

普通水准测量时，观测结果要记在规定的表格中，如表 2-2 所示。

表 2-2 水准测量观测手簿

测站	点号	水准尺读数/m		高差/m		高程/m	备注
		后视(a)	前视(b)	＋	－		
(1)	(2)	(3)	(4)	(5)	(6)	(7)	(8)
1	BM_A	0.576		0.236		49.872	
	TP_1		0.340				
2	TP_1	1.263		0.572			
	TP_2		0.691				
3	TP_2	0.743		0.319			
	TP_3		0.424				
4	TP_3	1.005			0.411		
	B		1.416			50.588	
计算		$\Sigma a=3.587$	$\Sigma b=2.871$	$\Sigma=+1.127$	$\Sigma=-0.411$		
校核		$\Sigma a-\Sigma b=+0.716$		$\Sigma h=+0.716$		$=+0.716$	

2.5 四等水准测量

2.5.1 实验目的

掌握四等水准测量的基本操作步骤，学会观测、记录、计算的方法，进一步理解四等水准测量的工作程序。

2.5.2 实验设备

DS$_3$ 型水准仪 1 台，三脚架 1 个，水准尺 1 对，尺垫 2 个，记录板 1 块。

2.5.3 实验步骤

（1）选择观测路线 从实验场地的某一水准点或固定点出发，选定一条闭合水准路线；或从一个水准点出发至另一个水准点，选定一条附合水准路线。路线长度 150～300m，视线最大距离不超过 80m，设置 3～5 个测站。

（2）观测与记录 在每一测站，将水准仪安置在前后视距大致相等的位置，由立尺员步测完成。每一测站按"后前前后"（黑、黑、红、红）顺序观测，并将数据记入表 2-4 中。

① 照准后视尺黑面，精平水准管气泡，读取下丝读数（1）、上丝读数（2）和中丝读数（3）。

② 照准前视尺黑面，精平水准管气泡，读取下丝读数（4）、上丝读数（5）和中丝读数（6）。

③ 照准前视尺红面，精平水准管气泡，读取中丝读数（7）。

④ 照准后视尺红面，精平水准管气泡，读取中丝读数（8）。

四等水准测量每站观测顺序也可以为"后后前前"（黑、红、黑、红）。

（3）计算与校核　当一个测站观测记录完毕后应立即计算，不得迁站。若发现本测站某项限差超限，应立即重测本测站。计算内容如下。

① 视距计算与校核

$$后视距(9)=[(1)-(2)]\times100$$

$$前视距(10)=[(4)-(5)]\times100$$

$$前后视距差(11)=(9)-(10)$$

$$前后视距累积差(12)=本站(11)+前站(12)$$

按照表 2-3 校核后前视距差和后前视距差累计值。

② 黑红面读数差计算与校核

$$后视尺黑红面读数差(14)=K_1+(3)-(8)$$

$$前视尺黑红面读数差(13)=K_2+(6)-(7)$$

按照表 2-3 校核黑红面读数差。

③ 黑红面高差计算与校核

$$黑面高差(15)=(3)-[(6)\pm0.1]$$

$$红面高差(16)=(8)-(7)$$

$$黑红面高差之差(17)=(14)-(13)=(15)-(16)$$

按照表 2-3 校核黑红面高差之差。

④高差中数的计算

$$平均高差(18)=[(15)+(16)\pm0.1]/2$$

（4）搬站继续测量　一个测站测量完毕后，本站的前视尺不动，后视尺前进，观测员搬仪器到下一站，重复步骤（2）和步骤（3），继续进行测量。

（5）计算总校核　全路线施测完毕后，在每测站校核的基础上，进行每页计算的校核，计算内容如下：

① 高差检核：

$$\sum(3)-\sum(6)=\sum(15)$$

$$\sum(8)-\sum(7)=\sum(16)$$

$$[\sum(15)+\sum(16)]/2=\sum(18)（测站数为偶数）$$

$$[\sum(15)+\sum(16)\pm0.1]/2=\sum(18)（测站数为奇数）$$

② 视距差检核：　　$\sum(9)-\sum(10)=本页末站(12)-前页末站(12)$

③ 本页总视距：　　$$\sum(9)+\sum(10)$$

2.5.4　实验要求

（1）操作要求　每位同学要测量一条闭合水准路线或附合水准路线，测量 3～5 站，掌握四等水准测量的基本操作方法和工作程序。

（2）技术要求　四等水准测量的各项技术指标如表 2-3 所示。四等水准路线的高差闭合差 f_h 应小于限差 $f_{h容}$，即 $f_{h容}=\pm6\sqrt{n}$ mm 或 $f_{h容}=\pm20\sqrt{L}$ mm；n 表示测站数，L 表示路线长度，以 km 为单位。

表 2-3 四等水准测量技术指标

等级	仪器型号	视线长度/m	视线离地面最低高度/m	后前视距差/m	后前视距差累计/m	黑红面读数差/mm	黑红面高差之差/mm	检查间歇点高差之差/mm
四等	DS₃	≤100	≥0.2	≤5.0	≤10.0	≤3.0	≤5.0	≤5.0

2.5.5 注意事项

四等水准测量技术规定比较严格，精度要求较高，除水准仪基本操作的注意事项外，还应注意以下几点。

(1) 实验之前要认真复习四等水准测量记录及计算方法。

(2) 实验时仪器一定安置在前后视距大致相等的地方，满足限差要求；水准尺应竖直；每次读数前一定要精平。

(3) 每站观测结束应当立即计算检核，若有误差超限，则必须重测该站。全线路观测完毕，线路高差闭合差在容许范围内，方可收工。

(4) 记录员要认真填写表格各项内容，特别是测站编号和点号，要书写清晰、记录准确，各项计算要准确无误。

2.5.6 四等水准测量记录表

四等水准测量时，观测结果要记在规定的表格中，如表 2-4 所示。

表 2-4 四等水准测量观测手簿

测站号	后尺	下丝上丝	前尺	下丝上丝	方向及尺号	水准尺读数 黑面	水准尺读数 红面	K+黑－红	平均高差	备注
	后视距离		前视距离							
	前后视距差		累积差							
	(1)		(4)		后	(3)	(8)	(14)		
	(2)		(5)		前	(6)	(7)	(13)	(18)	$K_1=$
	(9)		(10)		后-前	(15)	(16)	(17)		$K_2=$
	(11)		(12)							
1	1573		0739		后 1	1384	6171	0		
	1199		0363		前 2	0551	5239	−1	+0.8325	$K_1=4787$
	37.4		37.6		后－前	+0.833	+0.932	+1		$K_2=4687$
	−0.2		−0.2							
2	2121		2195		后 2	1933	6620	0		
	1747		1820		前 1	2007	6795	−1	−0.0745	$K_1=4687$
	37.4		37.5		后－前	−0.074	−0.175	+1		$K_2=4787$
	−0.1		−0.3							
3	1914		2055		后 1	1727	6514	0		
	1539		1678		前 2	1867	6555	−1	−0.1405	$K_1=4787$
	37.5		37.7		后－前	−0.140	−0.041	+1		$K_2=4687$
	−0.2		−0.5							
4	0694		2917		后 2	0470	5158	−1		
	0236		2467		前 1	2690	7477	0	−2.2195	$K_1=4687$
	45.8		45.0		后－前	−2.220	−2.319	−1		$K2=4787$
	+0.8		+0.3							

续表

测站号	后尺	下丝	前尺	下丝	方向及尺 号	水准尺读数		K＋黑－红	平均高差	备注
		上丝		上丝						
	后视距离		前视距离			黑面	红面			
	前后视距差		累积差							
校核计算	$\sum(9)=158.1$ $\sum(10)=157.8$ $\sum(9)-\sum(10)=+0.3$ $\sum(9)+\sum(10)=315.9$ 末站$(12)=+0.3$					$\sum(3)=5514$ $\sum(6)=7115$ $\sum(15)=-1.601$ $[\sum(15)+\sum(16)]/2=-1.602$			$\sum(8)=24463$ $\sum(7)=26066$ $\sum(16)=-1.603$ $\sum(18)=-1.602$	

2.6 光学经纬仪的认识及操作

2.6.1 实验目的

了解 DJ$_6$ 型光学经纬仪的构造和基本部件，认识其主要部件的名称和作用，掌握经纬仪的基本操作方法，学会经纬仪的对中、整平、瞄准和读数方法。

2.6.2 实验设备

DJ$_6$ 型光学经纬仪 1 台，三脚架 1 个，测钎 2 个，记录板 1 块。

2.6.3 实验步骤

领取仪器后，在指定的场地安置经纬仪，练习对中、整平、瞄准和读数。具体操作步骤如下。

(1) 对中　打开三脚架，放在测站点上，使脚架头大致水平，高度适中，架头中心大致对准测站点，踩稳三脚架，装上经纬仪。调节光学对中器焦距，使其分划圈及地面成像清晰。一边观察光学对中器，一边移动脚架大致对准测站点，再转动脚螺旋精确对中。

(2) 整平　依次伸缩三脚架任意两个架腿，使圆水准器气泡居中。然后将长水准管平行于任意两个脚螺旋，同时相对转动两脚螺旋，使长水准管气泡居中，再将经纬仪照准部旋转90°，调节第三个脚螺旋，使长水准管气泡居中。此项工作需要重复 2~3 次，才能完成精平。

(3) 瞄准　松开制动螺旋，转动望远镜，用十字丝瞄准测钎，使之位于望远镜的视场内，旋紧望远镜制动螺旋和水平制动螺旋。目镜调焦，使十字丝清晰；物镜调焦，使目标清晰；再消除视差。旋转望远镜微动螺旋和水平微动螺旋，用竖丝的中间位置精确瞄准目标。

(4) 读数　调整度盘反光镜，使读数窗明亮；旋转读数显微镜的目镜，使度盘分划清晰。DJ$_6$ 型光学经纬仪采用分微尺读数，估读至 $0.1'$，并化为秒数。

2.6.4 实验要求

(1) 操作要求　熟悉经纬仪的基本部件、功能和操作方法。每位同学要掌握经纬仪的基本操作步骤，至少操作 1 次，学会准确读数。

（2）技术要求　整平后应检查对中，若对中破坏，应重新对中和整平，直至对中误差小于 1mm。长水准管气泡偏离中心应不超过 1 格。

2.6.5　注意事项

（1）打开仪器箱时，要记住经纬仪在箱中的放置位置，以便原位放回；收工时把经纬仪按原位放入箱内，扣好箱盖并加锁，确保搬运过程中的仪器安全。

（2）使用经纬仪各螺旋时要用力适中、均衡，不要过猛，防止损坏螺旋。

（3）经纬仪安装到三脚架上，必须随即用连接螺旋将仪器固定，适当用力旋紧。

（4）安置经纬仪时，三脚架架头中心一定要大致对准测站点，否则会导致对中困难；三脚架架头一定要大致水平，否则会导致整平困难。

（5）采用光学对中时，一般先伸缩架腿粗平仪器，再利用脚螺旋进行精平。

（6）瞄准目标时，要先利用瞄准器在水平方向上粗略瞄准，然后上下转动望远镜寻找目标，当在望远镜视场看到目标后，制动照准部，再调焦和精确瞄准。精确瞄准前一定要消除视差。

（7）目标成像小于竖丝下双线宽度时，用下双线夹目标；否则，用竖丝上单线平分目标。

（8）用分微尺进行读数时，估读至 $0.1'$，并化为秒数，秒数一定是 6 的倍数。

2.7　测回法水平角观测

2.7.1　实验目的

熟练掌握 DJ$_6$ 型经纬仪测回法观测水平角的观测顺序、记录和计算方法，掌握起始方向水平度盘的配置方法，进一步理解水平角的观测原理。

2.7.2　实验设备

DJ$_6$ 型光学经纬仪 1 台，三脚架 1 个，测钎 2 个，记录板 1 个。

2.7.3　实验步骤

如图 2-1 所示，首先在地面上选择 A、O、B 三点组成三角形，点与点之间的距离不能小于 30m。在测站 O 点安置经纬仪，对中整平，在 A、B 点竖立测钎。测回法观测水平角的具体操作步骤如下。

（1）盘左观测　盘左位置瞄准左侧目标 A，转动度盘变换手轮，使水平度盘读数略大于 0°，精确读取水平度盘读数 $a_左$，并记入观测手簿。顺时针转动照准部，瞄准右侧目标 B，读取水平度盘读数为 $b_左$，并记入观测手簿，则上半测回水平角为 $\beta_左 = b_左 - a_左$。

（2）盘右观测　松开制动螺旋，倒转望远镜成盘右位置，瞄准右侧目标 B，读取水平度盘读数 $b_右$，并记入观测手簿，逆时针转动照准部，瞄准左侧目标 A，读取水平度盘读数为 $a_右$，并记入观测手簿，则下半测回测得水平角为 $\beta_右 = b_右 - a_右$。

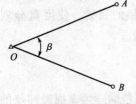

图 2-1　测回法观测水平角

（3）计算水平角　如果 $\beta_左$ 和 $\beta_右$ 差值的绝对值不大于 $40''$，则取上、下半测回角值的平均值作为一测回的水平角值，即 $\beta=(\beta_左+\beta_右)/2$。否则，进行重测。

若进行多测回观测，设总测回数为 n，则将第 i 个测回的水平度盘起始读数设为 $(i-1)\times180°/n$，即每增加 1 个测回，水平度盘起始读数增加 $180°/n$；重复（1）～（3）步操作。

2.7.4　实验要求

（1）操作要求　每位同学独立观测一个测站的水平角，测量 2～3 测回，掌握 DJ$_6$ 型经纬仪测回法观测水平角的基本操作方法和工作程序。

（2）技术要求　对于 DJ$_6$ 型经纬仪，一测回中 $|\beta_左-\beta_右|\leqslant40''$，各测回的角度之差不应超过 $\pm24''$。

2.7.5　注意事项

在测回法观测水平角时，除经纬仪基本操作的注意事项外，还应注意以下几点。

（1）瞄准目标时，用十字丝竖丝瞄准目标，尽可能瞄准其底部，以减少目标倾斜引起的测角误差。

（2）同一测回中，起始方向的水平度盘读数只配置 1 次，配置好后应加保险；切勿再转动度盘变换手轮或复测扳手，以免发生错误。

（3）观测过程中若发现长水准气泡偏离超过 1 格时，应重新整平重测该测回。

（4）计算半测回角值时，当右方目标读数小于左方目标读数时，则右方目标读数先加 $360°$，然后再减。

（5）不论目标是按顺时针还是逆时针方向编号，半测回角值的计算方法都应是右方目标读数减去左方目标读数。

（6）若进行多测回观测，另一测回测量前要重新配置度盘读数。

（7）若计算结果超限，必须重测。

2.7.6　测回法观测水平角记录表

测回法观测水平角时，观测结果要记在规定的表格中，如表 2-5 所示。

表 2-5　测回法水平角观测手簿

测站	测回	目标	竖盘位置	水平读盘读数 /(° ′ ″)	半测回角值 /(° ′ ″)	一测回角值 /(° ′ ″)	平均角值 /(° ′ ″)
O	1	A	盘左	00 01 24	56 35 12	56 35 18	56 35 14
		B	盘左	56 36 36			
		A	盘左	180 01 12	56 35 24		
		B	盘左	236 36 36			
	2	A	盘左	90 01 42	56 35 06	56 35 09	
		B	盘左	146 36 48			
		A	盘右	270 01 24	56 35 12		
		B	盘右	326 36 36			

2.8　测回法竖直角观测

2.8.1　实验目的

（1）了解经纬仪竖盘构造和基本部件，认识其主要部件的名称和作用，掌握竖盘注记形式、竖盘读数指标与指标水准管轴的关系。

（2）掌握竖直角的观测、记录、计算及竖盘指标差的计算方法。

2.8.2 实验设备

DJ_6 型光学经纬仪 1 台，三脚架 1 个，测钎 2 个，记录板 1 块。

2.8.3 实验步骤

在测站点安置经纬仪，对中、整平。确定竖盘注记形式（顺时针或逆时针注记，通常为顺时针注记），在记录表中写出竖直角和竖盘指标差的计算公式。选定远处一明显目标（大楼上的避雷针或倒立测钎）。

（1）盘左观测 将望远镜转到盘左位置，用横丝切准目标，旋转竖盘指标水准管微动螺旋，使指标水准管气泡严格居中，读取竖盘读数 L。

（2）盘右观测 倒转望远镜到盘右位置，瞄准目标同一位置，旋转竖盘指标水准管微动螺旋，使指标水准管气泡严格居中，读取竖盘读数 R。

（3）记录与计算 记录观测数据并计算。当竖盘顺时针注记时，盘左的竖直角 $\alpha_左 = 90° - L$，盘右的竖直角 $\alpha_右 = R - 270°$，一测回的竖直角 $\alpha = (\alpha_左 + \alpha_右)/2$，竖盘指标差 $x = (L + R - 360°)/2$。

2.8.4 实验要求

（1）操作要求 每位同学测量 2 个竖直角，每个竖直角观测一个测回，掌握竖直角观测的基本操作和计算方法。

（2）技术要求 DJ_6 型经纬仪竖盘指标差的变动范围应不大于 $\pm 25''$，若超限，必须重测。

2.8.5 注意事项

在进行竖直角观测时，除经纬仪基本操作的注意事项外，还应注意以下几点。

（1）瞄准时，以十字丝横丝切目标，如避雷针或测钎的顶部。盘左盘右观测应瞄准同一位置。

（2）每次读取竖盘读数前，必须使竖盘指标水准管气泡居中。

（3）计算竖直角及竖盘指标差时，应注意正负号。

（4）若计算结果超限，必须重测。

2.8.6 竖直角测量记录表

竖直角测量时，观测结果要记在规定的表格中，如表 2-6 所示。

表 2-6 竖直角观测手簿

测站	目标	竖盘位置	竖盘读数 /(° ′ ″)	半测回竖直角 /(° ′ ″)	一测回竖直角 /(° ′ ″)	指标差/(″)	备 注
O	A	左	71 44 12	+18 15 48	+18 16 00	+12	$\alpha_左 = 90° - L$
		右	288 16 12	+18 16 12			$\alpha_右 = R - 270°$
	B	左	100 17 00	−10 17 00	−10 16 54	+6	$x = \frac{1}{2}(R + L - 360°)$
		右	259 43 12	−10 16 48			

2.9 全站仪的认识及基本操作

2.9.1 实验目的

了解全站仪的构造和基本部件，认识其主要部件的名称和作用。掌握全站仪的安置方法，学会全站仪的读数和测距方法，学会反光镜的安置方法，掌握仪器高和觇牌高的量取方法。充分认识到全站仪的贵重性，增强安全意识。

2.9.2 实验设备

全站仪1台，反光镜（棱镜）2个，三脚架3个，小钢尺3把，记录板1块。

2.9.3 实验步骤

(1) 仪器安置　在指定地点安置全站仪和反光镜，熟悉仪器各部件的名称和作用。

(2) 熟悉测量模式　打开电源开机，了解全站仪的测角、测距、高差和坐标测量方式；熟悉键盘、软键操作和各界面符号的含义。

(3) 查看参数　在设置界面查看距离、角度、温度、气压等测量量的单位，了解坐标的表达形式及仪器倾斜自动补偿设置等。但不要随意更改已设置好的参数。

(4) 测角测距　分别在测角、测距模式练习测角、测距的操作方法。

(5) 量仪器高　利用小钢尺练习仪器高、觇牌高的量取方法。

2.9.4 实验要求

全站仪比光学经纬仪的操作复杂，要先了解全站仪的部件名称和作用，再学习全站仪的读数和测距方法。每个同学都要动手操作，练习瞄准、测距、读数不少于3次，学会反光镜的安置方法，每人用小钢尺量取仪器高和觇牌高不少于2次。

2.9.5 注意事项

(1) 全站仪比较精密贵重，一定要轻拿轻放。

(2) 全站仪的望远镜不能直接照准太阳，以免损坏仪器电子元件。

(3) 查看全站仪的参数时，不要随意更改已设置好的参数，以免他人使用产生测量错误。

(4) 在开机使用过程中，不要随便卸下电池，以免损坏仪器；不准两个人在前后界面上同时操作全站仪，以免造成操作系统混乱。

(5) 测距时一般不要设置成跟踪模式，防止浪费电池。

(6) 按键时要用力适当，以免使方向读数产生漂移。

2.10 全站仪控制测量

2.10.1 实验目的

掌握全站仪控制测量的基本操作方法，学会记录和计算，进一步熟悉仪器部件和作用，提高操作全站仪的熟练程度。

2.10.2 实验设备

全站仪 1 台，反光镜 2 个，三脚架 3 个，小钢尺 3 把，记录板 1 块。

2.10.3 实验步骤

在实习场地，布置一个 10～15 点的闭合导线。将全站仪和棱镜分别安置于导线点上，对中、整平。开机后，选择标准测量模式，一个测站上测量操作程序如下。

（1）盘左　利用盘左照准后视棱镜中心，将水平度盘读数置零，按"平距"测量键，即可测得后视边的水平距离，记录水平度盘读数和后视边的水平距离；顺时针方向转动全站仪的照准部，瞄准前视棱镜中心，按"平距"测量键，记录水平度盘读数和前视边的水平距离。

（2）盘右　倒转望远镜，利用盘右照准前视棱镜中心，按"平距"测量键，记录水平度盘读数和前视边的水平距离；逆时针方向转动全站仪的照准部，瞄准后视棱镜中心，按"平距"测量键，记录水平度盘读数和后视边的水平距离。

若同时采用三角高程测量方法进行高程控制测量，则需要量取仪器高和觇牌高。

2.10.4 实验要求

（1）操作要求　按全站仪测量规范进行操作，每人在测站上操作全站仪至少 2 站，安置觇牌至少 2 站。

（2）技术要求　测回法观测角度，上半测回、下半测回的角度之差 $\leqslant \pm 40''$，闭合导线的角度闭合差 $f_{\beta容} = \pm 40'' \sqrt{n}$，$n$ 表示测站数。

2.10.5 注意事项

（1）安置全站仪、觇牌时，要严格对中、整平。

（2）觇牌安置好后，棱镜要对向全站仪，以便瞄准。

（3）瞄准棱镜时，十字丝横丝和竖丝要对准觇牌上的标志，十字丝中心要对准棱镜的中心，以便保证测角和高差的精度。

（4）测量时要量取仪器高和觇牌高，并及时报给记录员，记录在表格的相应位置，以防错误。

（5）发现测站限差超限，应重测；若导线角度闭合差超限，应查找原因，适当返测若干测站，直至满足精度要求。

（6）全站仪使用、记录计算等要求，要符合第 1 章第 4 节的有关规则。

2.10.6 全站仪控制测量记录表

测量时观测结果要记在规定的表格中，如表 2-7 所示。

表 2-7　全站仪控制测量记录表

测量日期 2015 年 4 月 25 日　　　　　　　　　　观测员 李晓伟　　　计算员 张大为

测站	目标	盘位	水平度盘读数 /(° ′ ″)	半测回角值 /(° ′ ″)	一测回角值 /(° ′ ″)	水平距离 /m	平均距离 /m	垂直距离 /m	仪器高 /m	棱镜高 /m	高差 /m	平均高差 /m
A2	A1	盘左	00 00 00	183 00 51	183 00 50	78.254	78.254	−0.320	1.58	1.36	−0.100	−0.101
	A3		183 05 31			101.240		0.086			0.196	
	A1	盘右	180 00 11	183 00 48		78.254		−0.322		1.47	−0.102	
	A3		3 00 59			101.241	101.241	0.088			0.198	+0.196
A3	A2	盘左	00 00 00	87 45 21	87 45 25	101.240		−0.314	1.61	1.49	−0.194	
	A4		87 45 21			76.239		1.307			1.407	
	A2	盘右	180 00 11	87 45 29		101.240		−0.316		1.51	−0.196	
	A4		267 45 40			76.239	76.238	1.309			1.409	+1.411
A4	A3	盘左	00 00 00	181 36 15	181 36 15	76.238	76.238	−1.505	1.56	1.47	−1.415	
	A5		181 36 15			129.878		2.378			2.478	
	A3	盘右	180 00 14	181 36 14		76.237		−1.502		1.46	−2.412	
	A5		1 36 28			129.877	129.877	2.381			2.481	+2.480
		盘左										
		盘右										

2.11 全站仪碎部测量

2.11.1 实验目的

掌握全站仪碎部测量的基本操作方法，进一步理解地形及地形特征点，学会观察地形，合理选择地形特征点和立镜，熟悉画草图的方法。

2.11.2 实验设备

全站仪 1 台，三脚架 1 个，反光镜 2 个，对中杆 2 根，小钢尺 1 把，记录板 1 块。

2.11.3 实验步骤

不同仪器制造厂商生产的全站仪操作方法不尽相同，但基本原理相同，数据采集程序基本一致。具体操作步骤如下。

（1）安置仪器　选择某一控制点作为测站点，安置全站仪，对中、整平，并量取仪器高，若使用电子手簿，连接好电子手簿。

（2）设置参数　打开电源，设置仪器的有关参数，如外界温度、大气压、棱镜常数、仪器的比例误差系数等。若已设置好参数，则不必重新设置。

（3）标准程序测量　调用全站仪中数据采集程序，进入标准程序测量界面。

（4）建立文件名　若新建一个文件，应根据提示输入作业名；若使用已建文件，应打开已有文件；若继续使用上次测量的数据文件，则自动默认。

（5）设置测站点的信息　包括仪器高、测站点点号或坐标。

（6）输入后视点的信息　包括棱镜高，后视点点号或坐标。

（7）后视点检测　转动仪器照准部，瞄准后视点（照准底部），设置度盘或归零，并进行检测。定向检查通过后，按回车键返回上一级操作菜单。

（8）碎部点采集　进入碎部测量界面（侧视测量），输入起始测点点号（与控制点不能重名，已有文件的则自动显示点号），输入棱镜高。瞄准棱镜后，按测量（回车）键，仪器自动测量、计算，并显示测量点位坐标和高程，然后按保存键储存测量信息；绘图员绘制草图，并标注地物属性信息。

（9）重复第（8）步，依次测量其他碎部点，绘制草图，直至工作结束。

特殊情况下也可在通视良好、测图范围广的地点安置全站仪，利用全站仪中后方交会的功能进行自由设站，先测算出测站点的坐标，再用该点作为已知点进行数据采集。

全站仪数字测图一个作业小组一般需要 3～4 人，其中，观测员 1 人，跑尺员 1～2 人，绘图员 1 人。绘图员是作业小组的核心，负责野外绘制草图和室内成图，要认真熟悉测区地形，绘好草图。

2.11.4　实验要求

（1）操作要求　按全站仪碎部测量步骤进行操作，组内成员要轮流进行各环节实习，每人在测站上操作全站仪至少 2 站，学会观测、立镜、画草图。

（2）技术要求　后视点检测的纵横坐标和高程误差均要求不超过 ±5cm。

2.11.5　注意事项

（1）安置全站仪时，要严格对中和整平。

（2）设置测站点和后视点的信息要注意核对点号、坐标和高程等，确保准确无误。

（3）瞄准后视点时，要瞄准对中杆的底部，以减小瞄准误差。

（4）后视点检核符合要求后，一定要按回车键确认，再返回上级菜单，否则设置无效。

（5）选择地形特征点立镜时立杆要直，全站仪要瞄准棱镜的中心位置。

（6）绘制草图要清楚，要标明点号；草图上还要注明地物属性，如楼房层数、结构和用途，陡坎方向、树林树种、河流名称等，方便数字成图。

（7）在每次外业数据采集完成之后，应及时将数据传输到计算机，以保证仪器有足够的存储空间，防止数据丢失。

2.12　CASS7.0 软件数字化成图

2.12.1　实验目的

了解南方 CASS7.0 地形图成图软件的基本功能，熟悉全站仪与计算机数据通信的基本操作方法，初步掌握 CASS7.0 软件的地物编辑、等高线绘制和数字地图分幅的基本方法。

2.12.2　实验设备

计算机 1 台，CASS7.0 软件 1 套，全站仪 1 台。

2.12.3　实验步骤

2.12.3.1　数据传输操作步骤

由全站仪到计算机的数据传输步骤如下（以 CASS 7.0 为例）。

（1）硬件联接　打开计算机进入 CASS 7.0 系统，查看仪器的相关通信参数，选择正确的数据线将全站仪与计算机正确联接。

（2）设置通信参数　执行 CASS 7.0"数据"菜单下的"读取全站仪数据"命令，在"全站仪内存数据转换"中选择相应型号的仪器（如南方 NTS662），设置通信参数（通信端口、波特率、校验位、数据位、停止位），并且应与全站仪内部通信参数设置相同，选择文件保存位置、输入文件名。

（3）传输数据　单击"转换"按钮，按对话框提示顺序操作，命令区便逐行显示点位坐标信息，直至通信结束。

2.12.3.2　平面图绘制与属性注记

对于测记式无码作业模式，主要使用测点点号定位成图和坐标定位成图两种方法。

（1）测点点号定位法成图

① 展点　展点是把坐标数据文件中的各个碎部点点位及其相应属性（如点号、代码或高程等）显示在屏幕上。在编辑地形图时，应展现野外测点点号。

在"绘图处理"下拉菜单中选择"野外测点点号"项，系统提示"输入要展出的坐标数据文件名"（如 D：\ SURVEY \ CXT. DAT）。输入后单击"打开"，则数据文件中所有点以注记点号形式展现在屏幕上，并以小点表示点位。若没有输入测图比例尺，命令行窗口将提示要求输入测图比例，输入比例尺分母后回车即可。通过绘图窗口的放大或缩小，可看到测点的分布情况。

② 选择"测点点号"屏幕菜单　菜单在右侧屏幕菜单的一级菜单"定位方式"中选取"测点点号"，系统将弹出一个对话窗，提示选择点号对应的坐标数据文件名（依然是 D：\ SURVEY \ CXT. DAT）。输入外业所测的坐标数据文件并单击"打开"后，系统将所有数据读入内存，以便依照点号自动寻找点位。

③ 绘平面图　屏幕菜单将所有地物要素分为 11 类，如文字注记、控制点、地籍信息、居民地、道路设施等，此时即可按照其分类分别绘制各种地物。具体操作方法参看 CASS 7.0 使用手册，此不详述。

（2）坐标定位法成图　坐标定位成图法操作类似于测点点号定位成图法。所不同的仅仅是，绘图时点位的获取不是通过输入点号而是利用"捕捉"功能直接在屏幕上捕捉所展的点，故该法较测点点号定位成图法更方便。其具体的操作步骤如下。

① 展点。

② 选择"坐标定位"屏幕菜单　这两步操作同前述。

③ 绘制平面图　绘图之前要设置捕捉方式，有几种方法可以选择。如选择"工具"下拉菜单中"物体捕捉模式"的"节点"，以"节点"方式捕捉展绘的碎部点，也可以用鼠标右键点击状态栏上面的"对象捕捉"进行设置，取消与开启捕捉功能可以直接按键盘"F3"进行切换。绘图方法同"测点点号定位法成图"。

2.12.3.3　等高线绘制与编辑

在数字测图系统中，等高线由计算机自动绘制，生成的等高线不仅光滑，而且精度较高、速度快。数字地形图绘制，通常在绘制平面图后，再绘制等高线，以便修剪等高线。绘制等高线的基本步骤如下。

（1）根据野外观测数据建立数字地面模型（构建三角网）。

（2）修改三角网，即删除或重构个别连接不当的三角形。

（3）输入等高距，绘制等高线。

（4）等高线注记与修剪。

2.12.3.4 数字地图的分幅与输出

数字地形图经过编辑、检查、修改，形成完整的图形要素后，可进行图幅的分幅、整饰和输出。数字地图的分幅与输出方法如下。

（1）数字地图分幅 地图分幅前，首先应了解图形数据文件中的最小坐标和最大坐标。应注意 CASS 7.0 下信息栏显示的坐标，前面的为 Y 坐标（东方向），后面的为 X 坐标（北方向）。执行"绘图处理 \ 批量分幅"命令，命令行提示如下。

① 请选择图幅尺寸 （1）50×50，（2）50×40＜1＞按要求选择。直接回车默认选1。

② 请输入分幅图目录名 输入分幅图存放的目录名，回车。如输入 d：\ SURVEY \ dlgs \ 。

③ 输入测区一角 在图形左下角点击左键。

④ 输入测区另一角 在图形右上角点击左键。

此时，在所设目录下就产生了各个分幅图，自动以各个分幅图的左下角的东坐标和北坐标结合起来命名，如"31.00-53.00"、"31.00-53.50"等。若在要求输入分幅图目录名时，直接回车，则各个分幅图自动保存在安装了 CASS 7.0 的驱动器的根目录下。

（2）绘图输出 地形图绘制完成后，可用绘图仪、打印机等设备输出。执行"文件 \ 绘图输出"，在二级菜单里可完成相关打印设置，并打印出图，详细操作可参阅《CASS 7.0 用户手册》。

2.12.4 实验要求

初步熟悉 CASS 7.0 软件的数据通信、地物编辑、等高线绘制和数字地图分幅的基本方法。每人根据本组的野外测量数据，进行独立操作练习，完成数字地形图的绘制，按期上交。

2.12.5 注意事项

（1）连接数据线时要对准插头槽口；断开数据线时，要手捏数据线的金属环适当用力外拔，不准旋转，防止损坏数据线。

（2）测点点号定位法成图主要用于依据测点绘图，坐标定位法成图主要用于依据丈量的数据绘图。这两种绘图方法一般并不单独使用，而是相互配合使用。

（3）在编辑地形图时，要边绘图边注记，不清楚就不要绘，防止漏绘或绘错。

（4）软件的操作能力依赖于强化训练，一定要多练习操作，按期完成任务，不准抄袭作业。

（5）要在绘制平面图后，再绘制等高线，以便修剪等高线。

（6）测图区域较小时，地形图可不分幅，以方便使用。

2.13 综合实习

为了提高教学质量，加强理论与实践相结合，根据人才培养的要求，数字测图原理与方法课程安排为期 4 周的综合性的教学实习。

2.13.1 综合实习目的

（1）巩固基础理论知识 通过综合性的课程教学实习，使学生巩固数字测图的基本概念、原理和方法，加深对书本知识的系统理解。

（2）提高仪器操作技能 较为熟练地掌握水准仪、经纬仪、测距仪和全站仪的基本操作技能，提高动手能力。

（3）掌握测绘工作程序 能够根据测区情况和工程要求，初步掌握数字测图、水准测量的工作程序和技术要求。

（4）提高综合素质 增强集体主义观念、劳动观念，培养实事求是、一丝不苟、吃苦耐劳的工作作风，学会发现问题和解决问题，提高实践创新能力。

2.13.2 实习内容和时间分配

综合实习有 5 项实习内容，共计 4 周，具体实习内容及时间分配见表 2-8。

表 2-8 综合实习内容及时间分配

序号	实习内容	实习地点	时间分配/天
1	四等水准测量	校园周边路	6
2	高程内业计算	自习室	1
3	数字地图测绘	校园	10
4	等高线测绘	指定地点	2
5	写实习报告	自习室	1

2.13.3 组织领导

（1）每班每 5 人分成一组，配 2 名指导教师。

（2）在指导教师的领导下，以小组为单位在确保安全的前提下开展实习活动。

（3）实习期间，学生要遵守实习纪律，按时到达指定实习地点，做到不迟到、不早退，有事需向指导教师请假。

（4）小组长要对本组的各项实习和安全负责；组员要支持组长的工作，服从组长的分配。

2.13.4 上交资料

（1）小组上交资料

① 数字地形图一幅；

② 控制测量、碎部测量记录；

③ 等高线图一幅；

④ 小组实习总结（1500～3000 字）。

（2）个人上交资料

① 四等水准测量记录；

② 高程误差配赋表；

③ 导线坐标计算表；

④ 实习报告。

2.13.5 实习要求

(1) 四等水准测量的实习要求　每个同学用 1 天时间完成四等水准测量,按"后后前前"的观测程序施测一条 6～8 水准点的闭合水准路线,路线长度 4～6km。要求每人独立观测 1 圈,小组成员轮流操作仪器、记录计算和立尺。水准路线的高差闭合差超限者,必须返工重测。

四等水准测量采用 DS_3 型水准仪施测,配用 3m 长的双面水准尺,并成对使用。

在每个测站上,要求视线长≤100m,前后视距差≤5m,前后视距差的累计值≤10m,红黑面尺的读数差≤3mm,红黑面高差之差≤5mm,望远镜视线的高度以十字丝上、中、下丝均能在水准尺上读数为宜,视线应高出地面 0.2m 以上。

四等水准路线的高差闭合差 f_h 应小于限差 $f_{h容}$,即 $f_{h容} = \pm 6\sqrt{n}$ mm 或 $f_{h容} = \pm 20\sqrt{L}$ mm;n 表示测站数,L 表示路线长度,以 km 为单位。

(2) 高程内业计算的要求　每个同学用 1 天时间完成高程内业计算。首先检查四等水准测量的外业记录计算有无错误,统计每一测段的高差,填写高程误差配赋表,然后计算高差闭合差并平差,推算出个各点的高程。要求书写认真,表格填写齐全,计算准确无误。

(3) 数字地图测绘的实习要求　每组用 4 天时间完成控制测量,施测一条 12～16 点的闭合导线,路线长度 1.5～2.5km。首先在测区内进行选点、测距、测角、测高程和导线定向,然后根据观测数据进行内业计算,推算出导线点的坐标和高程。距离和水平角采用全站仪观测,利用 DS_3 型水准仪采用四等水准测量方法施测高程,通过测连接角进行导线定向。

水平角观测采用测回法,每个角度观测 2 个测回,上、下半测回之差≤±40″,测回差≤±24″,导线角度闭合差不大于容许值 $f_{\beta容} = \pm 40''\sqrt{n}$,$n$ 为导线点数;每边的边长采用光电测距法测量 4 次,取平均值;导线全长的相对闭合差≤1/3000。

控制测量工作完成后,以控制点为依据,采用全站仪碎部测量方法采集地形特征点数据。小组成员要轮流进行各环节实习,每人在测站上操作全站仪至少 3 站,熟练掌握观测、立镜、画草图和选择地形特征点的方法。后视点检测的纵、横坐标和高程误差均要求不超过±5cm。要求仪器操作规范,设站必须检核,选点合理,立镜到位,草图清晰。

采集碎部点后,各组要及时传输数据,利用 CASS 7.0 软件编辑数字化地形图,比例尺 1∶500。小组成员要轮流绘图,熟练掌握数据传输、数字化地形图的成图方法。成图后,要打印一幅数字化地形图,然后到野外巡视检查,发现错误及时更正。要求做到绘图准确,成图规范,精度高。

(4) 等高线测绘的实习要求　每组用 2 天时间完成等高线测绘,测量一幅地貌复杂的地形图,面积约 100～150 亩 (15 亩=1 公顷)。在测区内,采用假定坐标系建立一个 5～7 点的闭合导线,利用全站仪碎部测量方法采集地形特征点;然后室内采用 CASS 7.0 软件绘制等高线。等高距为 0.5m,比例尺 1∶500。要求测区地貌典型,测点分布均匀,成图规范,等高线反映地貌逼真。每个同学独立绘制一幅等高线图。

实习注意事项及实习报告编写格式请详见第 1 章的有关内容,不再赘述。

第 ③ 章 大地测量学基础课程实训

大地测量学基础是一门理论与实践紧密结合的专业基础课，要求学生掌握大地测量学的基本概念、原理与方法，熟练掌握精密水准仪、精密经纬仪、全站仪等测绘仪器的基本操作，以及二等水准测量的基本方法。

3.1 课程实训教学目标

本课程通过实验与综合实习达到如下目标。

（1）巩固基础理论知识　通过课程实验教学，使学生进一步巩固大地测量的基本概念、原理和方法，加深对综合知识的理解。

（2）提高仪器操作技能　较为熟练地掌握精密光学经纬仪、精密水准仪、电子水准仪、全站仪等测量仪器的基本操作，提高控制测量的能力。

（3）掌握控制测量工作程序和技术要求　熟练掌握精密测角、精密测距、精密水准测量的作业程序、精度要求及各项技术指标，初步掌握控制测量的基本理论与方法。

（4）提高综合素质和创新精神　增强集体主义观念、劳动观念；培养实事求是、一丝不苟、艰苦奋斗的工作作风；培养发现问题、解决问题的能力，提高创新能力。

3.2 课程实验内容及学时分配

本课程实验共 6 个，共计 16 学时，具体实验内容及学时分配见表 3-1。

表 3-1　实验内容及学时分配

序号	实验内容	学时
1	精密光学经纬仪的认识与使用	2
2	全站仪的检验与校正	2
3	精密光学水准仪的认识与使用	2
4	电子水准仪的认识与使用	4
5	二等水准测量	4
6	精密水准仪 i 角的检验与校正	2

3.3 精密光学经纬仪的认识与使用

3.3.1 实验目的

（1）了解 T_3、T_2 光学经纬仪的基本结构及主要部件的名称、作用；

（2）掌握 T_3、T_2 光学经纬仪的读数原理，学会读数及配置度盘的方法。

3.3.2 实验设备

T₃ 光学经纬仪 1 台，三脚架 1 个，测钎 2 根，记录板 1 块；T₂ 光学经纬仪 1 台，三脚架 1 个；测钎 2 根，记录板 1 块；自备铅笔、刀片、记录纸。

3.3.3 实验步骤

（1）安置仪器　打开经纬仪保护罩（或仪器箱），双手握住仪器支架，或一手握住仪器支架，一手托住基座，将仪器取出安置于三脚架上，严禁单手提取仪器望远镜部分。

（2）对中整平仪器　特别注意 T₃ 经纬仪垂球对中，T₂ 经纬仪光学对中。精密光学经纬仪的整平方法同普通经纬仪一样，要体会精密光学经纬仪长水准气泡的灵敏性，反复整平，直至仪器转到任何位置时长水准气泡都居中，或者偏离中心位置不超过一格。

（3）认识仪器的基本构造　包括照准部、水平度盘、基座。

（4）熟悉仪器各螺旋的作用　熟悉望远镜调焦螺旋、照准部制动螺旋、照准部微动螺旋、望远镜制动螺旋、望远镜微动螺旋、测微手轮、度盘变换螺旋、换像螺旋。

（5）练习用望远镜精确瞄准远处的目标，检查有无视差。

（6）练习水平度盘的读数方法

① T₃ 经纬仪读数方法　T₃ 经纬仪的水平度盘一度内刻有 3 个大格，每 1 个大格又分刻 5 个小格，即水平度盘每度间隔刻有 15 个分格，最小格值为 4′。采用双平行玻璃光学测微器，测微盘一周相当于 2′，刻有 60 个大格，共 600 个小格，即每大格的值为 2″，每小格格值为 0.2″。因此，T₃ 经纬仪可直接读至 0.2″。读数步骤如下。

a. 照准目标后，转动测微器手轮，使读数窗内上、下分划线接合；

b. 读取指标线左侧正像度盘的度数；

c. 读出正像读数分划线与指标线之间的所夹格数（每格 4′）或读出正像度数分划线与倒像分划线间所夹格数（每格 2′）；

d. 在测微窗中读取分数和秒数（读两次取均值）。

② T₂ 经纬仪读数方法　T₂ 经纬仪采用部分数字化读数视窗，将整 10′ 的角度值全部用数字标示出来，测微盘一周相当于 10′，刻有 600 个小格，最小格值为 1″，可估读至 0.1″。读数步骤如下。

a. 照准目标后，转动测微器手轮，使读数窗内"上窗"三条分划线接合；

b. 在"中窗"读取整度数和整 10′ 数；

c. 在"下窗"读取不足 10′ 的整秒数。

（7）练习水平度盘的配置方法　首先配置测微器上的读数，然后配置整度数和整分数。测回间度盘变换差为

$$T_3 经纬仪：\delta_{T_3} = \frac{180°}{m} + 4' \qquad T_2 经纬仪：\delta_{T_2} = \frac{180°}{m} + 10'$$

式中，m 表示测回数。

3.3.4 实验要求

（1）在读数窗中观察度盘及测微器的成像情况，了解度盘刻划结构，学会接合读数方法。

（2）每组 2 个学时内完成实验任务，并提交实验报告。

3.3.5 注意事项

（1）注意 T₃ 经纬仪的最小格值，体会两种读数方法；

(2) 一般情况，T_3 经纬仪读至 0.2″ 精度，T_2 经纬仪读至 1″ 精度；

(3) 度盘配置时，先配置测微读数，再配置整度及整分数；

(4) 第一测回的度盘均应配置为：0°00′××″；

(5) T_3、T_2 光学经纬仪是精密测角仪器，在使用过程中一定要加倍爱护，采取有效措施，以确保仪器正常工作，杜绝损坏仪器的事故发生。

3.4 全站仪的检验与校正

3.4.1 实验目的

(1) 掌握全站仪轴系误差的检验和校正方法；

(2) 掌握全站仪测距常数的测定和设置方法；

(3) 掌握全站仪设置模块的功能。

3.4.2 实验设备

全站仪 1 台，棱镜 2 组，三脚架 3 个，温度计 1 支，气压计 1 支，自备计算器、铅笔、刀片。

3.4.3 实验步骤

3.4.3.1 水准管轴垂直于竖轴的检验和校正

(1) 检验

① 按常规方法整平全站仪，将照准部水准管平行于一对脚螺旋的连线，调节这一对脚螺旋使水准管气泡严格居中；

② 旋转照准部 180°，观察气泡位置，若气泡仍然居中，则满足要求；否则，应校正。

(2) 校正

① 当水准管气泡不居中时，用平行于水准管的两脚螺旋，使气泡退回偏离量的一半；

② 用校正针拨动位于水准管一端的校正螺钉，使气泡居中。

该检验校正需要反复进行，直至水准管气泡偏离量不超过半格为止。

3.4.3.2 圆水准器的检验和校正

(1) 检验 完成了水准管校正以后，通过水准管整平仪器，若圆水准器气泡居中，则满足要求；否则，应校正。

(2) 校正 用校正针拨动校正螺钉，使气泡居中。

3.4.3.3 光学对点器的检验和校正

(1) 检验

① 将全站仪安置于指定地点，通过光学对点器精确对中整平仪器；

② 将照准部旋转 180°，通过光学对点器观测地面标识点偏离仪器中心的情况；

③ 若地面标识点偏离对点器中心，其偏离超过对点器的分划圈时，需要校正。

(2) 校正 打开对点器护盖，用校正针调节对点器的校正螺钉，使对点器回归目标偏移量的一半。

此项校正需要反复进行，直至满足要求为止。

3.4.3.4 视准轴垂直于横轴的检验和校正

（1）检验

① 安置整平全站仪，使望远镜大致水平，盘左位置照准一个与仪器近似等高的目标 A，读取水平度盘读数 $M_左$；

② 倒转望远镜，盘右位置照准同一目标，读取水平度盘读数 $M_右$；

③ 计算 $2C$ 值：$2C = M_左 - (M_右 \pm 180°)$，若 $2C \leqslant 15''$ 时，不需要校正；否则，应该校正。

（2）校正（以 Topcon701 为例）

① 按 F5 键，进入"校正"模块，然后按 F1 键进入"轴系误差"的界面；

② 按照屏幕提示，分别在盘左位置观测某大致水平（±3°之间）A 目标 N 次，然后在盘右位置观测 A 目标 N 次，仪器会自动记录观测数据并计算，将 $2C$ 值作为改正存储在全站仪内。

3.4.3.5 竖盘指标差的检验和校正

（1）检验

① 安置整平全站仪，用望远镜瞄准远方一明显目标，观测其竖直角一个测回，记录竖盘读数，计算出竖盘指标差 x，即

$$x = (L + R - 360°)/2$$

式中，L 为盘左竖盘读数，R 为盘右竖盘读数。

② 若 $x \leqslant 10''$ 时，不需校正；否则，需要校正。

（2）校正（以 Topcon701 为例）　竖盘指标差的校正方法同视准轴误差校正。

3.4.3.6 横轴垂直竖轴的检验和校正

（1）检验

① 安置整平全站仪，选取一垂直角大于 10° 的目标，盘左位置瞄准该目标 A，读取水平度盘读数 $N_左$；

② 盘右位置瞄准该目标 A，读取水平度盘读数 $N_右$；

③ 计算 $2D$ 值：$2D = N_左 - (N_右 \pm 180°)$，若 $2D \leqslant 15''$ 时，不需校正；否则，需要校正。

（2）校正（以 Topcon701 为例）　按 F5 键，进入"校正"模块，按 F3 键进入"横轴"校正界面，盘左位置照准目标 A，按"设置"，盘右位置照准目标 B，按"设置"。

3.4.4　实验要求

（1）操作要求　整平、对中、照准工作一定仔细准确，尽量减少仪器操作误差；

（2）每组 2 学时完成实验任务，提交实验报告。

3.4.5　注意事项

（1）在进行每项校正前，首先应检验得出仪器当前残存的误差，经指导教师同意后方可进行校正，严禁擅自校正仪器；

（2）每项校正后，应马上对该项再次进行检验，直到满足要求为止；

（3）各项检验的顺序不能颠倒，必须在前一项检验校正完成后，方可进行后一项检验；

（4）视准轴检验时竖直角≤±3°，横轴检验时竖直角＞10°。

3.5 精密光学水准仪的认识及使用

3.5.1 实验目的

（1）了解精密光学水准仪及精密水准尺的基本结构；

（2）掌握精密光学水准仪测微器的工作原理以及精密水准尺的注记方法和安置方法；

（3）学会精密光学水准仪的读数方法。

3.5.2 实验设备

精密光学水准仪1台，三脚架1个，精密水准尺1副，尺撑2套，尺垫2个，记录板1块，自备铅笔、刀片。

3.5.3 实验步骤

（1）安置整平仪器 打开仪器箱，一手握住仪器支架，一手托住基座，将仪器取出安置于三脚架上（严禁单手提取望远镜），然后安装测微器（苏一光 DS$_{05}$ 不需此项操作）。调节脚螺旋，使圆水准器气泡居中，使仪器粗平。

（2）熟悉仪器 重点熟悉水平微动、测微器手轮、望远镜调焦螺旋和目镜对光螺旋，了解精密光学水准仪十字丝的形状，了解精密水准尺的注记。

（3）安置水准尺 将水准尺立于尺垫上，通过尺撑将其固定，双手紧握尺撑并调节使水准尺上的圆水准器气泡居中。

（4）照准读数 将精密光学水准仪照准水准尺，调节测微手轮，使楔形丝夹准尺面基本分划（或辅助分划）上某个整格值（整厘米）；厘米值直接在尺面上读取；不足1cm值在测微读数窗内读取，读至0.01cm（2位）。

3.5.4 实验要求

（1）操作要求 熟悉精密光学水准仪的基本部件、功能和操作方法，每位同学至少完成1次观测、读数、立尺工作；

（2）每组在规定的实验场地进行仪器操作，每组2学时完成实验任务，提交实验报告。

3.5.5 注意事项

（1）扶立精密水准尺时，一定要用手扶住尺撑，保证圆水准器气泡居中、稳定；

（2）读数时，要按动"自动安平按钮"，并转动测微轮使楔形丝夹准水准尺上的整厘米刻划，读数完成后松开"自动安平按钮"；

（3）练习过程中注意体会如何用楔形丝夹准刻划线；

（4）WildNA2 和苏一光 DS$_{05}$ 精密水准尺的基辅分划常数为 301.55cm；

（5）精密光学水准仪和精密水准尺都比较贵重，一定要妥善保护，杜绝损坏。

3.6 电子水准仪的认识及使用

3.6.1 实验目的

（1）了解电子水准仪的基本构造和主要功能；

（2）了解条码水准尺的刻划原理，对比其与常规水准尺的区别；

（3）掌握电子水准仪的安置、照准、读数及高差测量的基本方法。

3.6.2 实验设备

电子水准仪1台，三脚架1个，电子水准尺1副，尺撑2套，尺垫1对，记录板1块；自备铅笔、刀片。

3.6.3 实验步骤

（1）水准仪安置　同普通水准仪一样安置仪器，粗略整平仪器，使圆水准气泡居中；

（2）水准尺安置　条码水准尺应立于水平和上下方向无通视障碍之处，利用标尺上的圆水准器保证标尺竖直，并且确保无阴影投射在尺面；

（3）熟悉电子水准仪的构造，各螺旋、各按键及各菜单的功能和作用；

（4）练习水准线路测量操作　按照二等水准测量的技术指标和限差要求进行限差配置，以及高差测量方法。

3.6.4 实验要求

（1）注意对比电子水准仪与光学水准仪的区别，熟悉仪器各部件的名称及作用；

（2）每组2学时完成实验任务，提交实验报告。

3.6.5 注意事项

（1）应在有足够亮度的地方进行立尺操作；

（2）严格按照水准仪提示的照准顺序进行观测；

（3）电子水准仪及条码水准尺为精密仪器设备，使用时注意保护，杜绝损坏仪器的现象。

3.7 二等水准测量

3.7.1 实验目的

（1）掌握二等水准测量的野外测站作业、记录和计算方法；

（2）掌握二等水准测量的测站限差技术要求；

（3）进一步熟练精密水准仪的使用。

3.7.2 实验设备

精密水准仪1台，三脚架1个，精密水准尺1副，尺垫1对，尺撑2套，皮尺1把（或测绳1条），记录板1块，二等水准测量记录纸若干；自备铅笔、刀片。

3.7.3 实验步骤

（1）作业组织　精密水准测量观测小组由4～5人组成，观测1人，记录1人，立尺兼量距2人，打伞1人（实验中可省略）。

（2）观测程序

往测奇数测站的观测程序为：后前前后

往测偶数测站的观测程序为：前后后前

返测奇数测站的观测程序为：前后后前

返测偶数测站的观测程序为：后前前后

在一个测站上的观测步骤（以往测奇数测站为例）如下。

① 安置整平精密水准仪；

② 照准后视水准尺，调节测微手轮，使上、下视距丝平分或对齐水准尺的相应基本分划线，读取尺面三位数以及测微器的第一位数，共四位数字，要连贯读出；

③ 调节测微手轮使楔形丝照准基本分划线，读取尺面三位数及测微器的两位数，共五位数字；

④ 旋转望远镜照准前视水准尺，调节测微手轮使楔形丝夹住基本分划线并读数，调节测微手轮照准上、下丝并读数；

⑤ 调节测微手轮，用楔形丝照准前尺辅助分划线，并读取尺面三位数及测微器两位数；

⑥ 旋转望远镜照准后视尺，调节测微手轮使楔形丝照准后尺辅助分划线并读数。

3.7.4 实验要求

（1）每组在校园内选择一条水准闭合环线，至少4个水准点，每人完成至少一站的观测、记录、立尺工作；

（2）在规定的表格中记录观测数据，并完成测站限差的计算；

（3）计算出测站高差和路线闭合差；

（4）每组4学时完成实验任务，并提交实验报告；

（5）技术要求　二等水准测量主要技术指标如表3-2所示。

表 3-2　二等水准测量主要技术指标

视线长度 /m	前后视距差 /m	前后视距累计差 /m	视线高度 /m	基辅分划读数差 /mm	基辅分划高程之差 /mm	上下丝均值与中丝之差 /mm	路线限差 /mm
50	±1.0	±3.0	0.3	±0.5	±0.7	3.0	$\pm 4\sqrt{F}$

注：F 为路线总长，以 km 为单位；另外，二等水准测量还要求往返观测，往返观测测段的高差不符值限差为 $\pm 4\sqrt{K}$，K 为测段路线长，以 km 为单位。表3-2中的基辅分划高程之差按建筑变形测绘规程给出。

3.7.5 注意事项

（1）各项限差严格按表3-2要求，一般规定按课本要求进行；

（2）记录员必须牢记观测程序，防止记录错误。各项记录要正确、整齐、清晰，严禁涂改和擦除。原始读数的米、分米值有误时，可以整齐地划去，现场更改，但厘米及其以下读数一律不得更改，如有读错记错，必须重测，不允许描字改字，严禁连环涂改；

（3）每一测站上的记录、计算，必须待检查全部合格后方可迁站，严禁迁站后再计算数据；

（4）观测员在观测中，不允许为了通过限差规定而凑数，以免成果失真；

（5）上下丝读数为 4 位，不加小数点，单位为 mm；基辅分划读数为 5 位，加小数点，单位为 cm；

（6）扶尺员在观测之前必须将尺直扶稳，严禁双手脱开水准尺，以防摔坏；

（7）视距控制采用皮尺或测绳量距，量距要保证通视，考虑仪器的视线高度，并尽量使仪器与前后水准尺在一条直线上。

3.7.6 实验表格（表 3-3）

表 3-3 二等水准测量记录手簿

测自＿＿＿＿至＿＿＿＿ ＿＿＿＿年＿＿＿＿月＿＿＿＿日

时间始＿＿＿＿时＿＿＿＿分 末＿＿＿＿时＿＿＿＿分 成　像＿＿＿＿＿＿＿＿＿

温度＿＿＿＿云量＿＿＿＿ 风向风速＿＿＿＿＿＿＿＿＿

天气＿＿＿＿土质＿＿＿＿ 太阳方向＿＿＿＿＿＿＿＿＿

测站记录	后尺	上丝	后尺	上丝	方向及尺号	标尺读数		基+K减辅	备考
		下丝		下丝		基本分划	辅助分划		
	后距		前距						
	视距差 d		Σd						
1	1937		1414		后	182.79	484.30	−1	
	1718		1196		前	130.55	432.08	−3	
	21.9		21.8		后－前	52.24	52.22	+2	
	+0.1		+0.1		h	+52.23			
2	1306		1896		后	120.05	421.55	0	
	1095		1691		前	179.41	480.93	−2	
	21.1		20.5		后－前	40.64	40.62	+2	
	+0.6		+0.7		h	+40.63			
					后				
					前				
					后－前				
					h	—			
					后				
					前				
					后－前				
					h	—			
					后				
					前				
					后－前				
					h	—			

3.8 精密水准仪 *i* 角的检验与校正

3.8.1 实验目的

（1）明确水准仪视准轴与水准轴之间的关系；

（2）理解水准仪 *i* 角误差的检验原理；

（3）掌握自动安平精密水准仪 *i* 角误差的检验与校正操作程序和成果整理方法。

3.8.2 实验设备

NA3 精密水准仪 1 台，三脚架 1 个，精密水准尺 1 副，尺垫 1 对，扶杆 4 根，皮尺 1 把，记录板 1 块，校正针 1 支；自备铅笔、刀片、计算器。

3.8.3 实验步骤

3.8.3.1 *i* 角的检验

（1）选点 在较平坦的地面上量取 J_1、A、B、J_2 大致在一条直线上的 4 个点，且使相邻点的间距为 $S=20.6\text{m}$；

（2）往测高差 将精密水准仪安置在 J_1 点上，在 A、B 两点上分别安置精密水准尺，分别观测 A、B 尺上读数 a_1、b_1，一般要求各读 4 次读数，取其平均值作为最终读数，然后计算两点高差 h_1，$h_1=a_1-b_1$；

（3）返测高差 同样，将水准仪安置在 J_2 点上，在 A、B 两点上安置精密水准尺，观测 A、B 尺上 4 次读数的平均值为 a_2、b_2，计算两点高差 h_2，$h_2=a_2-b_2$；

（4）计算 *i* 角及尺面无 *i* 角时 A、B 两点上水准尺正确读数 a_2'、b_2'

$$\Delta=\frac{1}{2}(h_2-h_1) \qquad i=\frac{\Delta}{S}\rho''=10\Delta$$

$$a_2'=a_2-2\Delta \qquad b_2'=b_2-\Delta$$

式中，尺面读数、高差及 Δ 的计量单位均为 mm。

3.8.3.2 校正

若 *i* 角绝对值大于 $15''$ 时，需要对水准仪进行校正。

自动安平水准仪校正方法及步骤如下。

（1）校正在 J_2 测站上进行，打开目镜保护罩，调节测微手轮，使测微器内读数等于 a_2' 的尾数，用校正针拨动十字丝校正螺钉，使楔形丝重新夹住整 cm 值。

（2）检查另一水准尺 B 的正确读数是否为 b_2'。

（3）校正后，重新测定 *i* 角的值，必要时再进行校正，直至 *i* 角符合要求为止。

（4）安置目镜保护罩。

3.8.4 实验要求

每组 2 学时完成实验任务，提交实验报告。

3.8.5 注意事项

（1）在 A、B 点上尺垫应安放稳固，在检验和校正期间不得移动位置，水准尺也不得互换；

（2）检验时，尺面中丝读数要求读 4 次，每次读数前应重新调节测微手轮使楔形丝夹住尺面整厘米刻划；

（3）各项校正需慎重对待，必须在确认操作、计算无误的情况下进行；

（4）调节校正螺钉时，应先松一个再紧一个，微松微紧交替进行，直至正确位置为止。

3.8.6 实验表格

精密水准仪 i 角的检验如表 3-4 所示。

表 3-4 精密水准仪 i 角检验表

仪器：_____ 水准尺：_____ 观测者：_____
时间：_____ _____ 记录者：_____
日期：_____ 成 像：_____ 计算者：_____

测站	观测次序	水准尺读数/cm		高差 $a-b$/mm	i 角的计算
		A 尺读数	B 尺读数		
J_1	1			h_1	
	2				
	3				$2\Delta = (a_2 - b_2) - (a_1 - b_1) =$
	4				$i = 10\Delta =$ （″）
	中数				校正时，A、B 点标尺的正确读数为 $a'_2 = a_2 - 2\Delta =$ （cm）
J_2	1			h_2	$b'_2 = b_2 - \Delta =$ （cm）
	2				
	3				
	4				
	中数				

检验略图：

注：计算 i 角时，Δ 以 mm 为单位，当 $i \geqslant \pm 15''$ 需对仪器进行校正。

3.9 综合实习

为了提高教学质量，加强学生理论联系实践的能力，根据教学计划的要求，大地测量学基础课程进行为期1周的综合性教学实习，具体安排如下。

3.9.1 实习目的

（1）通过综合性的教学实习，加强学生理论联系实际的能力，巩固和丰富课堂所学的基础理论知识和实际操作技能；

（2）进一步了解控制测量的全过程，培养学生分析问题和解决问题的能力；

（3）掌握精密水准测量的外业测量和内业计算，对精密水准仪的使用应达到一定的熟练程度；

（4）培养学生吃苦耐劳、克服困难、实事求是的工作作风和独立工作的能力。

3.9.2 实习安排（表3-5）

表 3-5　实习安排表

序号	内容	地点	时间/天	备　注
1	二等水准测量	泰安各公路	5	含选点和内业计算
2	参观国家控制点	校园、天外村	1	指导教师带队
3	编写实习报告	校内	1	在实习报告本中手写
4	小组总结/资料整理和装订	校内		小组组长业余时间

注：1. 二等水准路线具体见3.9.7实习附图；

2. 参观国家平面控制点时间由指导教师根据实习进展情况临时通知；

3. 以小组为单位进行实习，实行小组长负责制。

3.9.3 组织领导

（1）每6人一组，安排组长1名，全专业配备指导教师2名，实行组长负责制，组长负责仪器设备的安全和保管工作；

（2）在指导教师带领下，以小组为单位，在确保安全的前提下开展各项实习活动；

（3）实习期间，学生要遵守实习纪律，按照实习要求，保质、保量、按时完成实习任务，有事须向指导教师请假；

（4）学生在实习过程中应着力培养独立解决问题能力，但遇到自己无法解决的问题时应及时联系指导教师。

3.9.4 实习设备

精密水准仪 1 台（含测微器 1 个）、水准尺 1 对、三脚架 1 个、尺撑 2 套、尺垫 2 个、背包 1 个（内有皮尺 1 把、记录板 1 块、反光衣 6 件、油漆 1 筒、排笔 1 支）。

3.9.5 实习要求

（1）实习内容

① 利用精密水准仪进行二等水准测量，每人至少测 1 个测段的往返观测，每组测闭合环 1 个，并完成内业数据计算；

② 指导教师带队，参观国家Ⅱ等水准点、国家 E 级 GPS 控制点、四等三角点。

（2）路线要求

① 农大本部校园内的Ⅱ等水准点为起点，每组在奈河西路、擂鼓石大街、龙潭路、环山路、普照寺路、岱宗大街布设成闭合水准路线 1 条；

② 水准点不少于 7 个，路线总长不少于 5km，具体路线见 3.9.7 实习附图，点位由小组自己选定。

（3）技术要求　按"二等水准"施测，主要技术指标如表 3-6 所示。

表 3-6　二等水准测量主要技术指标

视线长度 /m	前后视距差 /m	前后视距累计差 /m	视线高度 /m	基辅分划读数差 /mm	基辅分划高程之差 /mm	上下丝均值与中丝之差 /mm	路线限差 /mm
50	±1.0	±3.0	0.3	±0.5	±0.7	3.0	$\pm 4\sqrt{F}$

注：F 为路线总长，以 km 为单位；另外，二等水准测量还要求往返观测，往返观测测段的高差不符值限差为 $\pm 4\sqrt{K}$，K 为测段路线长，以 km 为单位。表 3-6 中的基辅分划高程之差是按变形监测要求给出的。

3.9.6 成果资料

（1）实习小组上交的资料

① 二等水准测量记录手簿；

② 高程误差配赋表；

③ 小组实习总结报告；

④ 小组自评实习成绩。

（2）个人上交资料　实习报告。

3.9.7　实习附图（图 3-1）

图 3-1　实习路线图

3. 10 课程设计

3. 10. 1 课程设计目的

（1）通过综合性的课程设计，巩固和丰富课堂所学的基础理论知识，提高实际应用能力，培养学生分析问题和解决问题的能力；

（2）提高对椭球大地测量主要计算及换算原理的理解，并达到一定的熟练程度；

（3）培养学生克服困难、实事求是的工作作风和独立工作能力。

3. 10. 2 课程设计设备

计算机 1 台，可学生自备，亦可使用实验中心计算机。

3. 10. 3 课程设计要求

（1）选题参考

① 坐标转换程序设计；

② 大地水准面拟合程序设计；

③ 高斯投影正、反算及换带计算程序设计；

④ 大地主题正、反算程序设计。

（2）实施要求

① 编写相应的计算程序；

② 绘出电算程序框图，打印程序界面及示例解算结果。

（3）内容要求

① 设计书字体工整，内容全面，条理清晰；

② 程序语言自选；

③ 程序设计框图绘制规范、表达清晰，与设计内容一致；

④ 课程设计在课余时间进行，整个设计应在本学期内完成；

⑤ 设计中遇到无法解决的问题可及时联系指导教师，以保证课程设计的顺利进行。

3. 10. 4 提交成果资料

（1）《课程设计书》（内含相关图表）；

（2）程序代码及可执行文件。

第 **4** 章 卫星定位原理与应用课程实训

卫星定位原理与应用是一门专业基础课，要求学生掌握卫星定位的基本概念、原理、方法与应用，熟练掌握各类静态、动态接收机的基本操作，以及外业工作的流程。

4.1 课程实训教学目标

本课程通过实验与综合实习达到如下目标。

（1）巩固基础理论知识　通过课程实验教学，使学生巩固卫星定位的基本概念、原理和方法，加深对综合知识的理解。

（2）提高仪器操作技能　较为熟练地掌握南方 9600 型 GPS 静态接收机、南方灵锐 S86型 RTK 等测绘仪器和相应数据处理软件的基本操作技能。

（3）掌握测绘工作程序和技术要求　熟练掌握静态控制测量、实时动态控制测量、施工放样的工作程序和技术指标。

（4）提高综合素质和创新精神　增强集体主义观念、劳动观念，培养实事求是、一丝不苟、艰苦朴素的工作作风；学会发现问题和解决问题，提高创新能力。

4.2 课程实验内容及学时分配

本课程实验共 5 个，共计 10 学时，具体实验内容及学时分配见表 4-1。

表 4-1　实验内容及学时分配

序号	实验内容	学时	序号		学时
1	静态接收机的认识及操作	2	4	实时动态接收机的认识及操作	2
2	静态相对定位观测	2	5	实时动态测量与放样	2
3	静态相对定位观测数据处理	2			

4.3 静态接收机的认识及操作

4.3.1　实验目的

熟悉和掌握静态接收机的基本操作步骤。

4.3.2　实验设备

南方 9600 型 GPS 静态接收机 1 台，三脚架 1 个。

4.3.3 实验步骤

以小组为单位开展实验，具体操作步骤如下。

（1）安置仪器 打开三脚架，调节架腿长度，张开放置脚架，使其高度适中；然后从箱中取出接收机，将其安置在基座上，用连接螺旋将基座与三脚架头连紧；在选定的 GPS 控制点上对中整平。

（2）开机 确保电池有电的情况下，打开接收机电源开关。熟悉开机后主界面不同模式对应的按键选择。

① 智能模式 初始界面延时 10s 自动进入系统主界面。该模式软件自动判断卫星状态和 PDOP 值，在 PDOP 值满足要求后进入采集数据状态，此时可观察到右侧"记录时间"在递增。

② 人工模式 在初始界面按"F2"进入系统主界面。采集过程需人工判断采集条件，按"F3"键，开始数据采集。

③ 节电模式 在初始界面按"F3"键进入该模式。关闭液晶显示，靠指示灯显示采集状态。

（3）参数设置 在接收机主界面按"F2"进入"设置"界面，在此界面里可进行"采样间隔"和"高度截止角"的设置。

（4）关机 当观测达到预定同步观测时间或欲收工时，长按主机面板上"Power"键关机，分别取下接收机和基座，仪器装箱，迁站或收工。

4.3.4 实验要求

（1）操作要求 全面掌握静态接收机在不同模式下按键所对应的功能。重点掌握在"智能模式"下的操作过程。

（2）技术要求 PDOP 值小于 6 为合格。

4.3.5 注意事项

（1）打开仪器箱时，要记住仪器及各种部件在箱中的放置位置，以便原位放回；收工时把仪器按原位放入箱内，扣好箱盖并加锁，确保搬运过程中的仪器安全。

（2）仪器装箱之前确保接收机处于关闭状态。

4.4 静态相对定位观测

4.4.1 实验目的

掌握静态相对定位观测的外业实施全过程，培养团队协作能力。

4.4.2 实验设备

南方 9600 型 GPS 静态接收机 1 台，三脚架 1 个。

4.4.3 实验步骤

以小组为单位开展实验，具体操作步骤如下。

（1）检查仪器　领取接收机时，开机检查其是否运行正常（例如注册码是否过期等问题），是否有按键损坏和黑屏的情况发生，如有可更换接收机。将接收机的高度截止角和采样间隔更改为默认值。

（2）安置仪器　各小组到事先选定好的GPS控制点位上安置接收机，对中整平。

（3）开机观测　安置好接收机后，各小组在事先约定好的时间同时打开接收机电源开关，开机后等待主机自动进入默认的智能模式。该模式软件自动判断卫星状态和PDOP值，在PDOP值满足要求后进入采集数据状态，此时可观察到右侧"记录时间"在递增。

（4）测站记录　外业采集数据的同时，为了方便内业数据处理，还需要按照"GPS控制测量记录手簿"手工记录相关信息。量取天线高时要用小钢尺量取地面标志中心至天线边缘中缝高度，时段前后在三个不同方向上量高误差小于3mm，取均值作为天线高。（具体填写内容见表4-2）

（5）结束操作　当观测达到预定同步观测时间时，各小组同时关机。长按主机面板上"Power"键关机，分别取下接收机和基座，仪器装箱收工。

4.4.4　实验要求

（1）操作要求　静态接收机采用智能模式，开机之后不需要再进行任何按键操作，但是要实时观察仪器数据采集情况，确保同步过程的顺利。

（2）技术要求

① 接收机默认值　卫星高度截止角15°；采集间隔10s。

② 同步观测时间长度≥40min。

4.4.5　注意事项

（1）各观测小组严格遵守调度指令，按规定时间进行作业。

（2）现场关闭一切通信设备，确需通信应离天线10m以上。

（3）严密看管好仪器，注意仪器的采集状态，发现问题，及时处理。

4.4.6　静态观测记录表格

静态观测过程中，需填写控制测量记录手簿，如表4-2所示。

表4-2　GPS控制测量记录手簿　　　　　　　　　年　月　日

点　号		点　名		文　件　名	
观测员		观测日期		时段号	
接收机名称及编号		天线类型及其编号		采集器类型及编号	
采集间隔		截止角		天线高	
近似纬度		近似经度		近似大地高	
天气状况		开始记录时间		结束记录时间	
跟踪卫星号	开始		中间		结束
记事					

4.5 静态相对定位观测数据处理

4.5.1　实验目的

熟悉数据处理软件，掌握数据处理的步骤，学会当基线向量不合格时处理的步骤和判定粗差的方法。

4.5.2 实验设备

计算机 1 台，GPS 数据处理软件 1 套，南方 9600 型 GPS 静态接收机 1 台。

4.5.3 实验步骤

以外业观测小组为单位进行数据处理。具体操作步骤如下。

（1）数据传输　将接收机采集的数据文件传输到计算机。将本组使用的静态接收机通过数据线与计算机连接，然后打开接收机电源开关。运行"南方测绘 GPS4.4"数据处理软件，点击"工具"→"南方接收机数据下载"，在下载界面上点击"连接"，此时接收机里所有的数据将会传输到下载界面里。各组找到本组观测的数据并选中后，对照"GPS 控制测量记录手簿"输入相应数据的天线高、点号、观测时段号，完毕后点击"传输数据"将观测数据传输到指定的文件夹里，此时观测文件有特定的命名方式（例 C0021631.STH）。传输完毕后，点击"断开"，切断接收机和计算机之间的联系，关闭接收机，装箱放回。

（2）数据处理

① 新建项目　给处理的数据起文件名。

② 增加观测数据文件　将待处理的观测数据文件读入软件系统中。

③ 基线解算　解算所有基线向量，区分合格和不合格的基线，是数据处理的关键。解算完毕后，如果基线显示为红色，则表示合格；如果基线显示为灰色，则表示不合格。对不合格的基线要重新进行解算，此时要重新设置解算条件，设置主要包括历元间隔和高度截止角两项内容。

④ 数据录入　输入已知点坐标，给定约束条件，同时判断是否存在粗差和错误。粗差或错误判断方法：已知点有 3 个，以 2 个点作为起算点，第 3 个点作为检核，若满足精度要求，然后将第 3 个点也作为已知点参与起算。

⑤ 平差处理　进行网型无约束平差和通过已知点进行约束平差。

⑥ 成果输出　将文件保存或打印输出计算成果。

至此，数据处理结束。

4.5.4 实验要求

（1）操作要求　严格按照操作步骤进行操作，每位同学要掌握数据处理的基本操作步骤，至少操作 1 次。

（2）技术要求　基线向量解算完成后是否合格一般采用验后单位权方差比来判定。当基线向量方差比大于设定值 3 时，基线处理合格，否则不合格。

4.5.5 注意事项

（1）数据传输时，输入的天线高、点号、观测时段号等信息要准确。

（2）处理不合格基线时，当更改"历元间隔"和"高度截止角"还无法使其满足要求时，可以直接删除该条基线，不让其参与坐标的解算。

（3）历元间隔的设置原则

① 同步观测时间较短时，可缩小历元间隔，反之，应增加历元间隔。

② 数据周跳较多时，要增加历元间隔，跳过中断的数据继续解算。

（4）高度截止角的设置原则

① 当卫星数目足够多时，增加高度截止角，屏蔽低空卫星数据参与解算。

② 当卫星数目不多时，降低高度截止角，让更多的卫星数据参与解算。

4.6 实时动态接收机的认识及操作

4.6.1 实验目的

熟悉 RTK 设备中各部件的连接方式及其作用，掌握正常启动后基准站和移动站接收机的基本操作步骤，学会观测手簿和接收机进行蓝牙连接的步骤，进一步理解实时动态测量的原理。

4.6.2 实验设备

南方灵锐 S86 接收机 1 套，三脚架 1 个。

4.6.3 实验步骤

以小组为单位进行实验。具体操作步骤如下。

4.6.3.1 安置基准站

（1）内置电台 将基准站主机安置在测区内点位较好的点上，顶部安装"UHF 差分天线"，然后打开基准站 GPS 主机电源开关。典型作业距离为 2～5km。

（2）外置电台 移动站距基准站较远，内置电台无法满足要求时，可以选配外接电台。作业时，接通外接电源——打开数据链开关——打开 GPS 主机。

4.6.3.2 基准站设置

（1）开机 长按基准站主机面板"确定"键，打开主机电源。初始界面有两种模式选择：设置模式、采集模式；初始界面下按 F2 键进入设置模式，不选择则进入自动采集模式。

在"设置模式"界面里按 F1 或 F2 选择项目，选好后按"确定"键进入模式设置界面。在"模式设置"界面按 F1 或 F2 键可选择静态模式、基准站工作模式、移动站工作模式以及返回设置模式主菜单。

（2）基准站模式设置 在"模式设置界面"选择"基准站模式设置"后按"确定"键进入"数据采集模式"界面，选择自动采集数据或手动采集数据后按"确定"键进入正常工作界面。

按 F1 键"启动"基准站，按"确定"键选择开始。如果启动后搜索到 4 颗以上卫星，且 PDOP 值满足要求，则显示"基准站启动"，至此基准站设置完成。否则显示"GPS 坐标未确定"。

基准站启动后，可以按"确定"键进入"参数设置"界面。在该界面按 F1 或 F2 进行相关参数的设置。

① 可以在"数据链设置"界面里按 F1 或 F2 进行数据链的选择，选择"内置电台"方式，按"确定"，进入"内置电台设置"界面。选择修改可以设置通道与电台功率，设置完数据链后选择确定，返回基准站模式设置。

② 可以选择"基准站模块设置"按"确定"键进入基准站模块设置界面，选择"修改"可以修改差分格式、记录数据、截止角等。设置完成后点击"确定"，完成设置。

至此，基准站设置完成。

4.6.3.3 移动站设置

（1）移动站安置　基准站设置完毕后，将移动站主机安置在对中杆上，并安置 UHF 或网络天线，打开移动站主机电源。移动站模式的设置与基准站相同。

（2）蓝牙连接　将主机开机并在动态模式（移动站或基准站）下对手簿进行如下设置。

①"开始"→"设置"→"控制面板"，在控制面板窗口中双击"Bluetooth 设备属性"，在蓝牙设备管理器窗口中选择"设置"，选择"启用蓝牙"。

② 点击"扫描设备"，开始进行蓝牙设备扫描。如果在附近（小于 12m 的范围内）有可被连接的蓝牙设备，在"蓝牙管理器"对话框将显示搜索结果。注：整个搜索过程可能持续 10s 左右，请耐心等待。

③ 从"扫描结果"界面中选择"S86…"数据项，点击"＋"按钮，弹出"串口服务"选项，双击"串口服务"，在弹出的对话框里选择串口号，一般是从 0～8，任选一个，完成之后点击确定。

④ 打开工程之星软件，进入工程之星主界面。点击"配置"→"端口设置"，在"端口设置"对话框中，选择与之前连接蓝牙串口服务里面相同的串口号，点击"确定"。

如果连接成功，状态栏中将显示相关数据。如果连接失败，退出工程之星，重新连接（如果以上设置都正确，此时直接连接即可）。手簿与主机连通之后可以做后续测量。

移动站设置正常后的提示如下。

接收机上：RX 灯闪烁；DATA 灯闪烁；BT 灯长亮。

主界面上：电台信号闪烁；"状态"后显示"固定解"。

4.6.4　实验要求

操作要求：首先熟悉 RTK 设备的基本部件、功能和操作方法。每位同学要掌握 RTK 的基本操作步骤，至少操作 1 次。每位同学要学会观测手簿和接收机进行蓝牙连接的方法。

4.6.5　注意事项

（1）打开仪器箱时，熟悉各部件的摆放位置及其作用，尤其要注意仪器箱内的两根天线的作用，长的为"UHF 差分天线"，用于常规 RTK 模式；短的为"网络天线"，用于 CORS 模式。

（2）各种模式下指示灯状态说明

① 静态模式　DATA 灯按设置的采样间隔闪烁。

② 基准站模式　TX、DATA 灯同时按发射间隔闪烁。

③ 移动站模式　RX 灯按发射间隔闪烁；DATA 灯在收到差分数据后按发射间隔闪烁；BT（蓝牙）灯在蓝牙接通时长亮。

④ GPRS 模块工作模式　正常通信时 TX、RX 交替显示；DATA 灯在收到差分数据后

按发射间隔闪烁。

（3）注意接收机各数据传输口的作用

① 两针的是电源接口，是为主机电池充电的接口。

② 五针的是电台接口，用来连接基准站外置发射电台的接口。

③ 七针的是数据接口，用来连接电脑传输数据，或者用手簿连接主机时使用。

（4）外置电台模式时，要严格按照操作步骤进行线路的连接，以防止电台短路。

（5）移动站只有内置电台方式。

4.7 实时动态测量与放样

4.7.1 实验目的

熟悉利用 RTK 进行外业观测的步骤，掌握基准站架设在已知点和未知点两种情况下求解转换参数的方法，学会使用 RTK 进行常规的控制测量和点位的放样，进一步增加 RTK 使用的熟练程度，提高外业的工作能力。

4.7.2 实验设备

南方灵锐 S86 接收机 1 套，三脚架 1 个。

4.7.3 实验步骤

以小组为单位进行实验。具体操作步骤如下。

（1）安置仪器　打开仪器箱，将接收机分别安置在基准站和移动站上，打开观测手簿，运行工程之星 3.0 软件，进行蓝牙连接。

（2）新建工程　点击工程之星 3.0 软件：工程——新建工程——输入作业名称。新建的工程将保存在默认的作业路径"＼我的设备＼EGJobs＼"里面，然后单击"确定"，进入参数设置向导。

坐标系统设置：坐标系统下有下拉选项框，可以在选项框中选择合适的坐标系统，也可以点击"浏览"按钮，查看所选坐标系统的各种参数。如果没有适合所建工程的坐标系统，可以新建或编辑坐标系统，单击"编辑"按钮，进入"新建工程"界面。在该界面里单击"增加"，出现"设置"界面，设置完毕之后单击"OK"。至此，新建工程完毕。

（3）求解转换参数

① 基准站安置在未知点　在固定解的状态下测出不少于 2 个已知点的 WGS-84 坐标并保存。

主界面点击"输入"——"求转换参数"，在控制点坐标库里点击"增加"，输入已知点坐标，输入完毕之后，点击右上角的"OK"或"确定"。根据提示输入控制点的大地坐标（即控制点的原始坐标）。原始坐标有三种输入方法，例如选择从坐标管理库选点，在坐标管理库里选择需要的坐标点（如果没有显示出来，就需要导入已有的原始坐标），点击"确定"。这时第一个点增加完成，点击"增加"，重复上面的步骤增加另外的点。

在这里选择参数文件的保存路径并输入文件名，建议将参数文件保存在当天工程文件名 Info 文件夹里面。完成之后点击"确定"出现"存储成功"对话框。然后点击"保存成功"

小界面右上角的"OK"，四参数已经计算并保存完毕。此时点击右下角的"应用"出现"是否将参数赋予当前工程"的对话框，点击"Yes"即可。

至此，基准站设在未知点时求定转换参数完毕。

② 基准站安置在已知点　在主界面点击"输入"-"校正向导"，选择"基准站架设在已知点"，点击"下一步"，在对话框输入基准站架设点的已知坐标及天线高，并且选择天线高形式，输入完后即可点击"校正"。系统会提示是否校正，并且显示相关帮助信息，检查无误后"确定"校正完毕。

至此，校正完毕。

（4）目标点测量　在"固定解"的状态下点击"测量"。在"测量"界面里点击"点测量"，将移动站对中杆放在待测目标点上对中，然后按快捷键 A，点位信息窗口就会弹出，此时输入点名、天线高后，按"确定"，即可将该点位置信息保存。

（5）点放样　在"固定解"的状态下点击"测量"。在"测量"界面里点击"点放样"，点击文件选择按钮点击"目标"按钮，打开放样点坐标库。在放样点坐标库中点击"文件"按钮导入需要放样的点坐标文件并选择放样点（如果坐标管理库中没有显示出坐标，点击"过滤"按钮查看需要的点类型是否钩选上）或点击"增加"直接输入放样点坐标，确定后进入放样指示界面。

放样界面显示了当前点与放样点之间的相对位置，根据提示进行移动放样。当前点移动到离目标点 1m 的距离以内时，会进入局部精确放样界面。

4.7.4　实验要求

操作要求：每位同学要掌握求解转换参数的操作步骤，至少操作 1 次。掌握点位测量和点位放样的操作步骤。

4.7.5　注意事项

（1）所有的步骤都要在"固定解"的状态下操作才有效。

（2）基准站安置在未知点上求解转换参数时，一般平面转化最少需要 2 个点，高程转化最少需要 3 个点。所有的控制点都输入以后，向右拖动滚动条查看水平精度和高程精度是否满足要求。

（3）在"新建工程"界面里，要把"中央子午线经度"改为当地坐标投影带对应的中央子午线经度。

（4）要熟悉观测手簿上一些快捷键的使用，熟悉键盘的分布以及输入法之间的转换等。

4.8 综合实习

为了提高教学质量，加强理论与实践相结合，根据教学计划的要求，"卫星定位原理与应用"进行为期 1 周的教学实习，具体安排如下。

4.8.1　实习目的

卫星定位原理与应用教学实习是教学过程中的重要环节，通过综合性的教学实习达到以下目的。

（1）加强学生理论联系实际，巩固和丰富课堂所学的基础理论知识和实际操作技能，进一步了解控制测量的全过程。

（2）培养学生分析问题和解决问题的能力，对 GPS 接收机的使用应达到一定的熟练程度。

（3）培养学生吃苦耐劳、克服困难、实事求是的工作作风和独立的工作能力。

4.8.2 实习设备

（1）GPS 单频接收机 1 台（基座 1 个，小钢尺 1 把，充电器 1 个）；三脚架 1 个；背包（记录板 1 块，反光衣 5 件，警示牌 2 个）；电脑 1 台、GPS 数据处理软件 1 套（测绘实验中心数字成图室内进行）

（2）RTK 接收机 1 套。

4.8.3 实习内容和时间分配

根据教学计划的安排和大纲要求，卫星定位原理与应用课程实习 1 周，具体实习内容与时间分配见表 4-3。

表 4-3 实习内容与时间分配

序号	实习内容	实习地点	时间安排/天
1	GPS 静态相对定位(含数据处理)	泰安市南开发区	2
2	GPS RTK 实时动态测量	农大校园	2
3	参观国家控制点	天外村广场西	1
4	资料整理和装订	教室	1
5	撰写实习报告	教室	1

4.8.4 组织领导

（1）实习指导教师按照实习内容和目的要求，严格、认真地指导学生进行实习，保质、保量、按时完成实习任务。学生在实习过程中应着力培养独立解决问题的能力，但遇到自己无法解决的问题时应及时联系指导教师。

（2）每 5 人为 1 个小组，以小组为单位开展各项实习活动。

（3）实习期间，学生要遵守实习纪律，按时到达指定实习地点，做到不迟到、不早退，有事需向指导教师请假。

小组长要对本组的各项实习和安全负责，组员要支持组长的工作，服从组长的分配。

4.8.5 实习要求

（1）E 级 GPS 控制测量　采用静态相对定位方法，按 E 级 GPS 网规范施测。基线长度在 0.2～5km 之间；卫星截止高度角 15°；采集间隔 10s；同步观测时间长度≥60min；同步接收机台数≥3；观测时段≥1.6；数据处理基线解算合格。GPS 网中最简单独立闭合环或附合路线边数≤10；安置天线后，在圆盘天线间隔 120°的三个方向分别量取天线斜高，三次测量结果之差不应超过 3mm，取其三次结果的平均值记入测量手簿中，或同时输入到主机中，天线高记录取值到 0.001m；并在现场量取和绘制 GPS 控制点。

（2）数据处理　各小组采用南方公司 GPS 数据处理软件进行基线解算和网平差，解算结果满足 E 级 GPS 网精度要求。网平差时，给定的 3 个已知国家控制点，应先将其中 1 个点的坐标作为已知值解算其余点的坐标（含其余 2 个已知点的坐标），将解算值与其余 2 点已知坐标值进行比较，从而判断已知点坐标值的正确性；若精度在厘米范围，可将 3 个已知点全部录入重新计算未知点坐标和高程，若差值过大应判断已知点坐标的正确性，选用正确的已知点参与解算。

（3）RTK 测量 采用内置和外接两种电台方式，分别将基准站设置在已知点进行校正和基准站设置在未知点求转换参数进行点位测量，结果应满足点位精度要求。

4.8.6 技术总结报告内容

（1）概述

① 任务来源、目的、项目名称、生产单位、生产起止日期、生产安排情况；

② 测区位置、范围，自然地理特征、气候特点，交通及电信、电源情况等；

③ 路线和网的名称、等级、长度、点位分布密度，点的标识类型等；

④ 作业的技术依据；

⑤ 计划与实际完成工作量的比较，作业率的统计。

（2）利用已有资料情况

① 采用的基准和系统；

② 起算数据及其等级；

③ 已知点的利用和联测；

④ 资料中存在的主要问题和处理方法。

（3）作业方法、质量和有关技术数据

① 使用仪器、工具的名称、型号、检校情况及其主要技术数据；

② 布设控制网方案、等级、点数、标石情况；

③ 观测方法和技术数据；〔观测方法要点与补测情况，同步环之间的连接方式、同步观测时间长度、高度截止角的设置、采集间隔（历元长度）的设置，审查验算结果〕；

④ 执行标准情况，保证和提高质量的主要措施，选点所遇障碍物和环境影响的评价等；

⑤ 野外数据检验和数据处理情况，方法及软件情况；

⑥ 新技术、新工艺、新方法的采用及其效果。

（4）技术结论

① 对本测区成果质量、设计方案和作业方法等的评价；

② 重大遗留问题的处理意见；

③ 经验、教训和建议。

4.8.7 上交资料

（1）小组上交资料

① GPS 控制测量外业记录；

② GPS 原始观测数据及数据处理结果（每个小组 U 盘拷贝）；

③ 小组实习总结（1500～3000 字）；

④ 小组自评实习成绩。

（2）个人上交资料 个人实习报告。

4.8.8 实习附图（图 4-1）

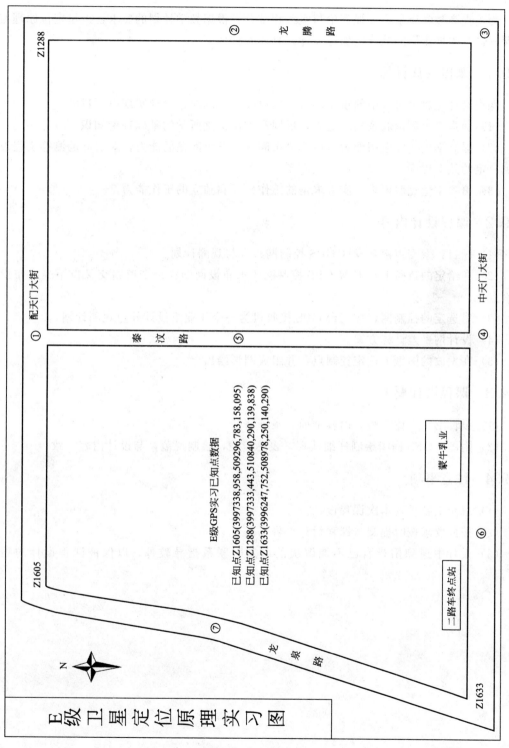

图 4-1　实习路线图

4.9 课程设计

为了提高教学质量，加强理论与实践相结合，根据教学计划的要求，卫星定位原理与应用课程进行为期 1 周的综合性课程设计，具体安排如下。

4.9.1 课程设计目的

课程设计是教学过程中的重要环节，通过综合性的课程设计实现以下目的。

(1) 加强学生理论联系实际能力，巩固和丰富课堂所学的基础理论知识。

(2) 提高学生实际应用能力，培养分析问题和解决问题的能力，对实际的测绘工程设计达到一定的熟练程度。

(3) 培养学生克服困难、实事求是的工作作风和独立的工作能力。

4.9.2 课程设计内容

(1) 题目：泰安市南开发区 GPS 控制网布设与观测计划。

(2) 在给定的道路上按 E 级 GPS 控制网要求布设网图；每个道路交叉口至少应布设控制网点。

(3) 对选定的控制网，按三台 GPS 接收机为一个作业组设计外业观测计划。

(4) 设计网平差计算方案。

(5) 在发放的图纸上选定控制点，并组成网形绘出。

4.9.3 课程设计要求

(1) 设计书　字体工整，内容全面，条理清楚。

(2) 附图　GPS 网图绘制仔细认真，表达清楚，绘制规范，与设计内容一致。

4.9.4 注意事项

(1) 思想上要重视本次课程设计。

(2) 按照要求按时提交《课程设计报告书》。

(3) 设计中遇到困难自己不能解决的可及时联系指导教师，以保证课程设计的顺利进行。

第 5 章 数字摄影测量学课程实训

数字摄影测量学是一门专业核心课程，要求学生掌握数字摄影测量的基本概念、原理与方法，掌握地学信息调查的重要载体和手段——航摄像片及其解析的知识，掌握影像信息获取及其信息识别、处理、提取及表达的知识和技能，熟练掌握相机、立体镜等仪器工具的使用、掌握全数字摄影测量软件的基本操作及 4D 产品生产的基本流程等。

5.1 课程实训教学目标

本课程通过实验与综合实习达到如下目标。

（1）巩固基础理论知识　通过课程实验教学，使学生巩固摄影测量的基本概念、原理和方法，加深对综合知识的理解。

（2）提高仪器和软件的操作技能　较为熟练地使用相机、立体镜等仪器的基本操作技能，熟练掌握全数字摄影测量软件。

（3）掌握摄影测量的工作程序和技术要求　掌握相机的结构，理解摄影测量的成像要求，理解航空像片比例尺、像点位移等概念，熟练使用数字摄影测量软件进行 4D 数字产品生产，并进行精度检查。

（4）提高综合素质和创新精神　增强集体主义观念、劳动观念，培养实事求是、一丝不苟、艰苦朴素的工作作风，学会发现问题和解决问题，提高创新能力。

5.2 课程实验内容及学时分配

本课程实训内容包括两部分，一是随堂实验，二是教学实习。实验共 8 个，共计 16 学时，具体实验内容及学时分配见表 5-1。综合性教学实习 2 周。

表 5-1　实验内容及学时分配

序号	实验内容	学时	序号	实验内容	学时
1	认识相机、拍摄立体像对	2	5	建立测区和模型	2
2	认识航空相片、立体观察	2	6	模型定向	2
3	航片比例尺及高差量测	2	7	影像匹配及匹配结果的编辑	2
4	认识数字摄影测量软件	2	8	生成 DEM 和 DOM	2

5.3 认识相机、拍摄立体像对

5.3.1 实验目的

掌握相机的结构与基本部件，进一步理解摄影的原理，理解摄影测量的成像要求。

5.3.2 实验设备

每组数码相机一台。

5.3.3 实验步骤

以小组为单位开展实验，每组安排1人到仪器室登记领取相机1台。具体操作步骤如下。

（1）熟悉相机　打开相机，检查电池电量是否充足。每人熟悉相机的基本部件、功能和操作方法。

（2）选择拍摄对象　在校园中自行选择几个对象，如雕塑等立体感强的对象。

（3）拍摄立体像对　对不同景物（在校园中自行选择）拍摄几组立体像对。拍摄时，基线B应与拍摄对象横向轴线平行。正直摄影（多适用于肉眼观测）或交向摄影（不适用于肉眼观测，多用于数字近景摄影测量）两种方式均可。

（4）导出数据　实验完毕后，到测绘实验室将有效数据导出到实验室的计算机，不要关闭计算机。

（5）归还设备　归还相机。

5.3.4 实验要求

（1）操作要求　首先熟悉相机的基本部件、功能和操作方法。每位同学要掌握相机的基本使用方法，至少操作1次。每位同学学会拍摄像对。

（2）技术要求　拍摄时，基线B应与拍摄对象横向轴线平行，两摄影站间距离0.6～1.0m。

5.3.5 注意事项

（1）妥善保管和使用相机，谨防相机跌落。

（2）在相机拍摄瞬间其主光轴应与拍摄对象相垂直，防止抖动，保证相机平稳。

（3）拍摄时应防止逆光，保证相片清晰。

5.4 认识航空相片、立体观察

5.4.1 实验目的

认识航片，了解不同地形的成像特点，初步判读，理解像对立体观察的原理和方法。

5.4.2 实验设备

每组立体镜一台、七种典型地貌的航片（像对）若干。

5.4.3 实验步骤

以2～3人组成一组为单位开展实验，班长和课代表安排同学到仪器室领取桥式立体镜、七种地貌的航片若干。实验地点在教室。

（1）认识航片　认识1956老航片（共30张，教师提供）的编号、框标、时钟、气泡等。

四个框标中有一个框标是由三个三角构成的，它所指方向即飞行方向。

认识各种地貌的航片（实验室提供）：流水地貌、岩溶地貌、黄土地貌、冰川地貌、风成地貌、海岸地貌、构造与岩石地貌。

（2）立体观察　利用七种地貌的航片进行实验。选择立体像对（航片右上角编号一致，但图像不完全重合），研究判断左片、右片，然后置于立体镜下，进行立体观察。

① 在立体镜下安置相片时，应使两张相片的基线在一条直线上，然后将立体镜基线距离调整到与两眼距离（即眼基线）大致相等，并使立体镜基线方向与相片基线平行。

② 观察时眼睛接近立体镜，若同一地物影像出现双影，是由于两张相片相隔太远或太近（即两张相片的相应点距离大于或小于眼基线），或是两张相片的基线未在一直线上等原因所造成，这时应慢慢移动相片，使两张相片的基线在一直线上，并使两张相片的间隔适当，直至影像重合。重合后只要仔细观察就会出现立体。

③ 在立体观察时，相片的阴影部分尽量对着自己，这样可以提高立体观察效果。因为人的生理比较适应光线从人的对方照射过来。

正立体：满足人造立体视觉条件。

反立体：左右互换或各旋转 $180°$。

零立体：各旋转 $90°$。

5.4.4　实验要求

（1）操作要求　首先熟悉立体镜的基本部件和操作方法。每位同学要掌握立体镜的基本使用方法，至少操作 1 次。每位同学学会观察立体像对。

（2）技术要求　认识航片上的框标等各种标志，会观察和判断各种立体效应。立体观察必须满足人造立体视觉条件。

① 两片必须是在两个不同位置对同一景物摄取的立体像对；

② 眼睛分像：每只眼睛必须只能观察像对的一张相片；

③ 同名像点连线（如 aa' ）与眼基线大致平行；

④ 相片间的距离应与双眼的交会角相适应；

⑤ 两片比例尺相近（差别＜15％）。

5.4.5　注意事项

（1）在立体观察前，首先判断相片是不是一对立体像对。

（2）妥善保管和使用立体镜，根据框标、重叠度等正确判断左、右片。

（3）立体观察时，光线不能太强也不能太暗。

（4）当像对地物不明显时，可用手指按住左、右相片的同名地物，缓慢移动航片，直至两手指重合，再稍微移动航片，使立体效果达到最佳。

5.5 航片比例尺及高差量测

5.5.1　实验目的

通过实验进一步了解航空相片比例尺的意义。在野外判读时能将实地距离换算为相片上的距离，或将相片上的距离换算为实地的相应距离。

5.5.2 实验设备

每组立体镜一台（实验室），像对（教师提供），铅笔、橡皮、三角板或直尺、计算器（同学自备）。

5.5.3 实验步骤

以 2～3 人组成一组为单位开展实验，班长和课代表安排同学到仪器室领取桥式立体镜若干。实验地点在教室。

(1) 平坦地区比例尺的测定步骤

① 在像片上选择 4 个明显地物点（这些点在地图上必须能够找到其相应位置），其对角线的交点大致通过像主点附近，并量测对角线的长度 d_1，d_2（尽量大于 3cm）。或选择两明显线性地物 d_1，d_2。

② 在地形图上量取相片上相应于对角线的长度 d'_1、d'_2。将 $d'_1 d'_2$ 乘地形图比例尺分母 M'，或实地测量得到实地距离 D_1、D_2。

③ 按下式计算相片比例尺分母。

$$\frac{1}{M_1}=\frac{d_1}{D_1}, \quad \frac{1}{M_2}=\frac{d_2}{D_2}, \quad |M_1-M_2|\leqslant\frac{M_大}{80}, \quad M=\frac{M_1+M_2}{2}$$

式中　M_1，M_2——相片上两组比例尺分母，$M_大$ 表示 M_1 和 M_2 中较大者

　　　　M——相片平均比例尺分母；

　　　d_1，d_2——相片上两点间的距离；

　　　D_1，D_2——对应于相片上两点间的实地距离。

(2) 丘陵山区比例尺的测定步骤

① 在相片上选择两个明显地物点 a、b，其连线尽量通过像主点附近，量出 r_b，测得实地距离 D，绝对高程 H'_A、H'_B。

② 按下式计算相片比例尺分母。

$$H_A=\frac{f \cdot D+h \cdot r_b}{d}, \quad \frac{1}{M_A}=\frac{f}{H_A}$$

绝对航高：$H_0=H_A+H'_A$，$H_B=H_0+H'_B$，$\frac{1}{M_B}=\frac{f}{H_B}$

式中　M_A，M_B——A、B 两点的比例尺分母；

　　　h——A、B 之间的高差；

　　　f——像主距；

　　　r_b——像主点（可用框标连线交点近似）到 B 点的距离；

　　　H_A，H_B——A、B 的相对航高；

　　　d——像片上地物点 a、b 间的距离。

【注意】 丘陵地区相片因受投影差和倾斜误差的影响，不能用一个比例尺来代替整张相片不同高度地区的比例尺，因此必须按各不同高度地区分别求相片比例尺。求得的是某点处的比例尺或局部比例尺。

5.5.4 实验要求

（1）操作要求　每个同学分别测定平坦地区、丘陵山区航空相片比例尺。

（2）技术要求　平坦地区比例尺的测定的两组比例尺分母（即 M_1、M_2）之差，必须符合要求 $|M_1-M_2| \leqslant M_{大}/80$。丘陵山区比例尺的测定 H_A 之差一般不超过 50m。

5.5.5 注意事项

（1）妥善保管和使用立体镜，爱惜航片、不要乱涂乱画。

（2）测量时应多测几次，熟悉测量过程，提高测量精度。

（3）D_1、D_2 为道路的图上实地距离，不是道路起点和终点两点之间的直线距离，测量时应分段测量再相加。

（4）道路的实地距离不包括相交道路的宽，量测时只量测到相交道路的一边。

（5）确保每个量测点的位置精确。

5.5.6 实验表格

实验所用表格如表 5-2 和表 5-3 所示。

表 5-2　平坦地区比例尺的测定表

所测相片 ＿＿＿＿＿＿　观测者：＿＿＿＿＿＿

实地距离/m	相片距离/mm	比例尺	平均比例尺
$D_1=1350$m（普照寺路长）	$d_1=$	$1/M_1=$	$1/M=$
$D_2=685$m（老农大东西长）	$d_2=$	$1/M_2=$	

表 5-3　丘陵山区比例尺的测定表

（已知 $f=70$mm）所测相片 ＿＿＿＿＿＿　观测者：＿＿＿＿＿＿

$H_A{'}$/m	$H_B{'}$/m	D/m	d/mm	r_b/mm	H_A/m	$1/M_A$	$1/M_B$
194.6m（普照寺路口，A）	369.7m 西科学山，B_1	1525.0m $A-B_1$					
	660.0m 三阳观，B_2	1537.5m $A-B_2$					

5.6 认识数字摄影测量软件

5.6.1 实验目的

了解全数字摄影测量软件 VirtuoZo 的安装、许可配置和软件的使用方法。

5.6.2 实验设备

每人全数字摄影测量软件 VirtuoZo 一套、数据一套。

5.6.3 实验步骤

具体操作步骤如下。

（1）用 C：\ VirtuoZo \ Tools 文件夹下的 showID. exe 查询本机的物理地址，并记录下来。

（2）查找与你的物理地址同名的永久许可文件（许可文件在 C：\ VirtuoZo 下），例如 0011D8C5EE1D. lic。

（3）将要用的永久许可文件，如 0011D8C5EE1D. lic 放在 C：\ VirtuoZo。

（4）双击桌面上的 VirtuoZo 图标，启动软件，点帮助——〉license 状态，看许可是否可用（教育版 3.6 颜色变黑）。如可用，则进行正常作业；如不可用，查看计算机系统日期是否准确。

打开软件，参考技术手册和软件联机帮助，认真学习全数字摄影测量系统的使用。

（5）作业结束后，离开机房之前，必须将必要的成果自行备份。

（6）关机，结束实验。

5.6.4 实验要求

每个同学都要上机操作，学会软件的安装、许可配置和软件的使用方法。

5.6.5 注意事项

（1）组织纪律 严禁迟到、旷课、玩游戏等。

（2）机房卫生 不准带饭到机房。离开时带走自己的所有东西，保持机房清洁。

（3）人身安全 用电安全等。

5.7 建立测区和模型

5.7.1 实验目的

（1）建立测区和模型。

（2）输入相机参数、原始影像格式转换和录入控制点数据。

5.7.2 实验设备

全数字摄影测量软件 VirtuoZo 一套，数据一套。

5.7.3 实验步骤

（1）创建测区，文件-打开测区，弹出"打开测区"对话框，按照要求输入参数后，点击"保存"，创建自己的测区文件。

（2）录入相机参数，设置-相机参数，弹出"相机文件列表"对话框，选择相机文件。

（3）原始影像格式转换，文件-引入-影像文件，弹出"输入影像"对话框，点击"增加"按钮，将需要处理的原始影像加载进来，如果是第二条航带的相片还需要进行"旋转"设置。

（4）录入控制点数据，设置-地面控制点，弹出"控制点数据"对话框，编辑或输入控制点文件。

（5）创建立体模型，文件－打开模型，弹出"打开或创建一个模型"对话框，按照要求输入左右影像，点击"保存"退出。

5.7.4 实验要求

（1）相机参数、影像格式转换和录入控制点文件三个步骤不分先后顺序。

（2）参数用以内定向计算；VirtuoZo 软件直接使用 TIFF 格式的影像，需要将其转换为 VirtuoZo 系统专用的 VZ 格式；控制点用以绝对定向计算。

5.7.5 注意事项

（1）各文件的存放目录必须严格按照软件要求，不能随意存放，如许可 .lic 必须放在安装路径 C：\ VirtuoZo。

（2）在输入数据之前，用记事本查看每个文件，了解文件格式内容及包含的信息，如控制点、相机文件。

（3）引入影像文件时，如果原始数据里没有给出像素大小，可以输入－1，系统自动读取原始影像的头文件，给出一个像素大小。

（4）在建立模型时，左片和右片一定要输入正确，如果输入反了，将无法正常作业。左右影像可通过打开 C：\ VirtuoZo \ 两周实习数据 \ image 下的 hammerIndex 文件来查看。

5.8 模型定向

5.8.1 实验目的

进行立体模型的内定向、相对定向和绝对定向。

5.8.2 实验设备

全数字摄影测量软件 VirtuoZo 一套，数据一套。

5.8.3 实验步骤

（1）自动内定向　处理-模型定向-内定向，选择"接受"进入左影像内定向界面，选择"人工"或者"自动"方式进行微调十字丝，是十字丝对准框标中心。当所有的框标均位于小白框的中心后，单击"接受"按钮，系统自动对框标进行定位。

（2）自动相对定向　处理-定向-相对定向，系统读入当前模型的左右影像数据，显示相对定向界面，右击影像，进行全局显示和自动相对定向。如果某点的上下视差过大，可进行微调和删除。编辑完成后，在影像显示窗口中的任意位置点击鼠标右键，选择弹出的右键菜单中的保存，然后再选择退出。至此模型相对定向完毕。

（3）绝对定向

① 量测控制点，进入相对定向的界面，在相对定向界面中的左影像上，参照给出的控制点点位图（hammerindex \ PointPos \ 01-156 _ 50mic.jpg 等），寻找相应的控制点，找到后在点位附近点击，系统将弹出一个放大的影像的小窗口，在该小窗口中，将光标对准该控

制点，单击鼠标左键，程序将自动匹配出右影像上的同名点，也以一放大的影像的小窗口显示，同时有一个调整点位的对话框出现。

② 用鼠标左键点击加点对话框中的方向按钮对控制点的点位进行精确调整，直到红色十字丝准确对准控制点时为止，输入控制点相应的点号，点击确定保存。如此添加适当 3 个控制点后，再加其他控制点时，软件可以自动预测控制点的位置（以蓝色圆圈表示）。控制点加完后，以大黄色十字显示。

③ 绝对定向，控制点量测完后，在模型的相对定向的界面下单击鼠标右键，在系统弹出的菜单中，选择绝对定向→普通方式，在定向结果窗中显示绝对定向的中误差及每个控制点的定向误差。并弹出控制点微调窗，窗中显示当前控制点的坐标及坐标微调按钮。

5.8.4　实验要求

（1）掌握模型的建立、内定向、相对定向和绝对定向过程，并保证定向能满足基本精度的要求。

（2）内定向的误差要求：MX 和 MY 均小于 0.005mm。

（3）自动相对定向完成后，在定向结果窗口检查同名点的上下视差和总的中误差。要求各点残差≤0.02mm，中误差 RMS≤0.01mm。

（4）绝对定向结果各控制点的 d_x，d_y，d_z 均在 0.3m 之内。

5.8.5　注意事项

（1）模型定向对后续产品生产具有决定性的影响，所以定向务必精益求精。

（2）内定向时，要使十字丝对准框标中心，将 8 个框标完全测量完成之后再看最终的中误差，不能为了减小一个框标误差而乱调。

（3）查看控制点坐标的真值，对照其真值调整所加控制点的坐标，切忌不看其真实坐标，盲目乱调。

5.9 影像匹配及匹配结果的编辑

5.9.1　实验目的

（1）掌握匹配窗口及间隔的设置，运用匹配模块，完成影像匹配。

（2）掌握匹配后的基本编辑。

5.9.2　实验设备

全数字摄影测量软件 VirtuoZo 一套，红绿眼镜 1 副，数据 1 套。

5.9.3　实验步骤

（1）影像匹配　在 VirtuoZo 主界面，处理—影像匹配，系统自动进行影像匹配。

（2）匹配结果编辑　首先调用匹配编辑模块，设置编辑窗口的显示选项，选择面或线编辑模式，在立体观察下，检测匹配结果。对匹配不好的点进行编辑时，先调用编辑主菜单调整好参数，然后选择需要编辑的匹配点，进行调整编辑。

① 进入编辑界面　在 VirtuoZo 主界面中，单击"处理"菜单，选择"匹配结果"的编辑，进入编辑界面。屏幕显示立体影像。编辑时，需要戴上立体眼镜，观察到正确立体时再进行编辑。

② 检查匹配结果

a. 选择功能按钮面板的"影像"按钮为"开"状态，打开立体影像，带上立体眼镜观察匹配点。

b. 选择功能按钮面板的"等值线"按钮为"开"状态，显示等值线，立体观察匹配点。

c. 选择功能按钮面板的"匹配点"按钮为"开"状态，打开匹配点，其中绿点为好点，黄点为较好点，红点为差点。

③ 调用编辑主菜单　调整菜单，在编辑窗口中右击，弹出右键菜单，选择相应的菜单，进行参数调整。

④ 选择编辑范围

a. 选择点　将十字光标置于某作业区的某匹配点上即选中了该点。

b. 选择矩形区域　在编辑窗口中按住鼠标左键，拖拽出一个矩形，松开左键，矩形区域中的点变成白色，即选中此矩形区域的点。

c. 选择多边形区域　在编辑窗口中单击右键，选择"开始定义作业目标"，然后依次单击，定义多边形边界，单击右键，选择"结束定义作业目标"将多边形区域闭合，多边形内的点以白色显示。按下键盘的 BackSpace 键或 Esc 键可取消最近定义的边界点。

⑤ 对选中的区域编辑运算

a. 匹配点高程的升降　选中需要升降的匹配点，敲击键盘上的向上、向下键进行升级，可设置功能按钮面板的"整个区域向上"按钮右边的值来调整每次升级的大小。

b. 面编辑方法　选择编辑区域，单击功能按钮面板上的平滑算法、拟合算法、置平、定值平面、匹配点内插、量测点内插等按钮进行编辑。

5.9.4　实验要求

(1) 掌握对单独树、房屋的编辑处理方法。

(2) 掌握对河塘、水面区域的编辑处理方法。

(3) 掌握对房屋、建筑物区域的编辑处理方法。

5.9.5　注意事项

(1) 影像匹配结果编辑是最耗时的一项任务，自己要摸索匹配结果编辑的技巧，一定要细心认真多做多练。

(2) 湖泊、沙漠和雪山等区域可能会出现大片匹配不好的点，需要对其进行手工编辑。

(3) 由于影像被遮盖和阴影等原因，使得匹配点不在正确的位置上，需要对其进行手工编辑。

(4) 城市中的人工建筑物，山区中的树林等影像，它们的匹配点不是地面上的点，而是地物表面上的点，需要对其进行手工编辑。

(5) 大面积平地、沟渠和比较破碎的地貌等区域的影像，需要对其进行手工编辑。

5.10 生成 DEM 和 DOM

5.10.1 实验目的

（1）掌握 DEM 格网间隔的正确设置，生成单模型的 DEM。

（2）掌握 DOM 分辨率的正确设置，制作单模型的 DOM。

（3）通过 DEM 及 DOM 的显示，检查是否有粗差。

5.10.2 实验设备

全数字摄影测量软件 VirtuoZo 一套，数据一套。

5.10.3 实验步骤

（1）生成 DEM，产品-生成 DEM-DEM，屏幕显示自动建立当前模型的 DEM 进度条。

（2）显示、检查单模型的 DEM，显示-立体显示-透视显示，进入显示界面，显示当前模型的 DEM。

（3）生成单模型的 DOM，产品-生成正射影像，系统自动生成当前模型的正射影像。

（4）显示、检查单模型的正射影像，显示-正射影像，进入显示界面，显示当前模型的 DOM。

（5）DOM 的修补，在 VirtuoZo 主界面上，单击镶嵌正射影像修补，弹出选择参考影像对话框，点击确定。

① 移动正射影像到需要修复的地方（明显变形的、颜色不对的等），按下黄色的显示线图标，在正射影像中单击，以选中修复区域的起点，系统同时弹出与该点对应的参考影像窗口。

② 在正射影像上单击，依次选取修复区域轮廓上的其他点位。最后单击鼠标右键，系统将自动闭合当前修复区域。

③ 单击修补图标，则系统自动用参考影像上相应的影像替换正射影像上所需修复的影像区域，达到修复的效果。

④ 重复上述步骤修复其他的区域。

⑤ 单击编辑，更新正射影像菜单项，系统将修补后的数据保存到正射影像中。更新后的正射影像不可再恢复。

5.10.4 实验要求

（1）掌握 DEM 格网间隔的正确设置。

（2）生成单模型的 DEM、DOM 分辨率的正确设置。

5.10.5 注意事项

（1）要检查显示 DEM 是否与实际地形相符。

（2）对于生成的 DOM，观察是否有变形，只需要对有变形的地物进行修补。

（3）如果提示找不到…\RC30.cmr，是相机文件不对，重新引入相机文件。

5.11 综合实习

为了提高教学质量，加强理论与实践相结合，根据教学计划的要求，数字摄影测量学课程进行为期2周的综合性摄影测量教学实习，具体安排如下。

5.11.1 综合实习目的

（1）通过实习使学生进一步巩固和深化理论知识，理论与实践相结合。

（2）要求学生运用所学基础理论知识与课内实习已掌握的基本技能，利用现有仪器设备及资料进行综合训练，从而系统全面地学习并应用摄影测量知识，熟练使用数字摄影测量软件，锻炼实践技能。

（3）培养学生的应用能力和创新能力，培养学生严肃认真、实事求是、吃苦耐劳、团结协作的精神。要求学生必须参加每一个实习环节，独立完成实习报告。

5.11.2 实习内容和时间分配

数字产品生产，具体包括：DEM、DOM、等高线、立体显示、生成透视图等、数字化测图，生成矢量图 DLG。实习内容和时间分配见表 5-4 所示。

表 5-4 实习内容和时间分配

序号	实习内容	实习地点	时间/天
1	生成 4D 产品	计算机中心	4
2	对测区进行野外调绘	计算机中心	1
3	数字化测图(IGS 测图)	计算机中心	3
4	图廓整饰	计算机中心	1
5	整理资料,提交成果和实习报告	计算机中心	1

5.11.3 组织领导

（1）实习实行指导教师领导下的班长、课代表负责制。不定期考勤。严禁旷课、迟到、早退等。

（2）所有同学按学号顺序就坐，如：1 班 1～30 号，2 班 31～60 号等。

（3）在指导教师的领导下，以班级为单位，在确保安全的前提下开展各项实习活动。

（4）实习期间，学生要遵守实习纪律，按时到达指定实习地点，有事需向指导教师请假。

5.11.4 上交资料

教师每天随机抽查当天的内容，请将所做结果保存好，并拷屏、处理、保存为 jpg 格式的图片（以便放到实习报告中）。所有上交资料均为电子版。

上交资料共三类，存放在以本人学号＋姓名命名的文件夹（如 20131234 张三）中。

（1）电子版实习报告一份（格式在公共邮箱中），报告要图文并茂，各步结果有拷屏。

严禁抄袭。

（2）VZ 产品导出 \ product 输出，包括以下内容。

① DOM 输出为 JPEG 格式 *.jpg；

② 等高线输出为 DXF 格式 *.dxf；

③ 数字化测图文件 .xyz 输出为 DXF 格式，命名为模型名 xyz.dxf（如 5655xyz.dxf、5756xyz.dxf 等）；

④ 4 模型拼接等高线输出为 DXF 格式 *.dxf；

⑤ 4 模型拼接正射影像输出为 JPEG 格式 *.jpg；

⑥ 4 模型拼接等高线叠合正射影像输出为 JPEG 格式 *.jpg；

⑦ 多个测图文件的拼接，命名为模型 1-模型 n.dxf。

（3）图廓整饰结果　输出为 jpg 格式，包括：4 模型拼接 DOM（整饰）.jpg；4 模型拼接 DOM＋等高线（整饰）.jpg。

第 6 章 遥感原理与应用课程实训

遥感原理与应用是测绘类专业的一门专业课，要求通过课程实验教学，巩固掌握遥感的基本概念、基本原理和基本方法，加深对综合知识的理解，熟练使用地物光谱仪测定地物光谱，认识遥感影像数据并掌握遥感数据的获取方法，熟练掌握遥感图像处理软件的安装和使用，掌握遥感图像处理与制图的原理和方法。

6.1 课程实训教学目标

（1）巩固基础理论知识　通过课程实训教学，巩固遥感的基本概念、基本原理和基本方法，加深对综合知识的理解。

（2）提高仪器和软件的操作技能　较为熟练地使用地物光谱仪，掌握遥感数据获取方法，熟练掌握遥感软件的安装和使用。

（3）掌握遥感的工作程序和技术要求　掌握一定的实验技能与遥感软件应用能力，注意培养学生发现问题、解决问题的能力，尤其注重培养学生的实际动手和应用能力，为其他专业课程学习、从事专业技术工作和进行科学研究打下基础。

（4）提高综合素质和创新精神　增强集体主义观念、劳动观念，培养实事求是、一丝不苟、艰苦朴素的工作作风；学会发现问题和解决问题，提高创新能力。

6.2 课程实训内容及时间安排

本课程实训内容包括两部分：一是随堂实验；二是教学实习。实验共 5 个，共计 10 学时，具体实验内容及学时分配见表 6-1。综合性教学实习 1 周。

表 6-1　实验内容及学时分配

序号	实验内容	学时	序号	实验内容	学时
1	测定地物的反射光谱曲线	2	4	遥感图像处理软件的认识	2
2	遥感数据的认识	2	5	ERDAS 软件的基本操作	2
3	数字遥感数据的获取	2			

6.3 测定地物的反射光谱曲线

6.3.1 实验目的

掌握地物波谱特性的基本概念和特点；掌握测定地物波谱特性的方法；分析影响地物波谱特性测定的因素；通过野外测定地物反射光谱曲线，了解地物的反射光谱特性及其变化规律。

6.3.2 实验设备

（1）地物光谱仪 1 套，包括光谱仪、标准板、电脑及软件；

（2）待测地物 3 种。

6.3.3 实验步骤

（1）安装并熟悉地物光谱仪数据处理软件；

（2）架设地物光谱仪，准备标准板（白板）和待测地物；

（3）设置起止波长位置和波段宽度；

（4）仪器探头照准标准板，测量记录标准板在波长 λ_1、$\lambda_2 \cdots$、λ_n 处的观测值 V_s；

（5）仪器探头照准待测地物，测量记录地物在波长 λ_1、$\lambda_2 \cdots$、λ_n 处的观测值 V；

（6）地物反射率用下式计算

$$\rho(\lambda) = \frac{V(\lambda)}{V_s(\lambda)} \cdot \rho_s(\lambda) \tag{6-1}$$

（7）输出测量数据，绘制地物反射光谱曲线。

6.3.4 实验要求

每组同学利用地物光谱仪完成实验场地内三种地物的反射光谱曲线的测定工作，绘制反射光谱曲线图，分析各种地物的反射光谱曲线的特点，分析所测定反射曲线受外部环境影响的因素。

6.3.5 注意事项

（1）地物波谱特性测定一般在室外进行，需要注意安全。

（2）测定时间一般在 10：00 到 16：00 之间，天气晴朗、无风。

（3）由于地物波谱特性的变化与太阳和测试仪器的位置、地理位置、时间环境（季节、气候、温度等）和地物本身有关，所以应记录观测时的地理位置、自然环境（季节、气温、温度等）和地物本身的状态，并且测定时要选择合适的光照角。

（4）波谱特性受多种因素的影响，所测地物的反射率会有一个变动范围。

6.4 遥感数据的认识

6.4.1 实验目的

（1）认识遥感数据，主要包括航空遥感影像和航天遥感影像，分为纸质相片和数字影像。

（2）了解不同遥感器的成像特点，初步判读，理解遥感影像标志的意义。

6.4.2 实验设备

（1）纸质航空相片和卫星相片；

（2）各类传感器的数字航空影像和卫星影像。

6.4.3 实验步骤

（1）航空相片认识

① 观察相片的规格：60mm×60mm；180mm×180mm；230mm×230mm。

② 认识航空相片标志：编号、框标、时钟、水准气泡、压平线等。

③ 了解各标志的参数和意义，如编号的意义、框标与飞行方向的关系等。

④ 影像质量：注意观察影像是否清晰、色调是否均匀、反差是否适中等。

⑤ 另外，根据其他注记了解航摄机的型号、焦距、机号及底片号等信息。

（2）认识卫星相片

① 认识像幅重叠标志、像幅中心标志、纬度标记、文字注记；

② 根据文字注记了解遥感影像的成像日期、像主点位置、像幅轨道号、像底点位置、遥感器及波段、太阳参数、卫星参数、成像参数。

（3）数字航空影像和卫星影像的认识　多媒体展示各类传感器的数字航空影像和卫星影像。

（4）遥感影像的判读　对所提供遥感数据进行初步目视判读。

6.4.4 实验要求

以个人或小组为单位，认识航空遥感影像和航天遥感影像，了解不同遥感器的成像特点，理解遥感影像标志的意义。

6.4.5 注意事项

（1）注意航空影像与航天影像标志的不同。

（2）注意纸质影像与电子影像的不同。

（3）纸质影像一般不再印刷，注意爱惜影像，并保证影像的完整无损。

6.5 数字遥感数据的获取

6.5.1 实验目的

了解不同遥感器的数据采集形式，掌握不同遥感影像的获取方式，掌握利用互联网下载遥感数据的方法。

6.5.2 实验设备

计算机，上网设备，存储设备。

6.5.3 实验步骤

（1）遥感数据获取常用网站

① 风云卫星遥感数据服务网 http://satellite.cma.gov.cn/portalsite/default.aspx

② 中国资源卫星应用中心 http：//www.cresda.com/n16/index.html

③ 中国科学院对地观测与数字地球科学中心 http：//ids.ceode.ac.cn/

④ 环境保护部卫星环境应用中心 http：//www.secmep.cn/secPortal/portal/index.faces

⑤ 地理空间数据云（原国际科学数据服务平台）http：//www.gscloud.cn/

（2）查询所需数据的传感器、地理位置、轨道号。

（3）提交数据申请，下载遥感数据。

6.5.4 实验要求

（1）数据位置，各自家乡所在位置（轨道号）。

（2）下载不同空间分辨率的至少两种遥感数据（建议：Landsat，MODIS）。

（3）每种遥感数据要至少两个时相（下载不同月份或者年份）。

（4）元数据说明 ［①数据的空间参照信息；②数据的分辨率；③数据波段；④数据像元个数（行数×列数）；⑤影像的拍摄时间，云量信息；⑥影像经纬度范围；⑦数据来源］。

6.5.5 注意事项

（1）尽量从不同渠道下载影像。

（2）应避免下载云量超标的影像（≤20%）。

6.6 遥感图像处理软件的认识

6.6.1 实验目的

了解国内外主流遥感图像处理软件，掌握遥感软件的安装方法。

6.6.2 实验设备

计算机，国内外主流遥感图像处理软件。

6.6.3 实验步骤

（1）认识国内外主流遥感图像处理软件

国内软件，如

① CASM ImageInfo（中国测绘科学研究院）；

② Titan Image（北京东方泰坦科技有限公司）；

③ IRSA（国家遥感应用技术研究中心）；

④ SAR INFORS（中国林科院与北大遥感所）；

⑤ MapGIS-RS（中地数码）；

⑥ GeoStar-Geoimage（吉奥之星）；

⑦ 易遥影像处理系统 V1.0（东方道尔）。

国外软件，如

① ERDAS（美国）；

② ENVI（美国）；

③ PCI（加拿大）；

④ ER MAPPER（澳大利亚）；

⑤ 易康（eCognition）（德国）。

（2）软件的安装（以 ERDAS 9.2 为例）

① 安装 ERDAS。建议安装在启动盘，即 C 盘。先安装程序自带 Licenses Tools，再安装 ERDAS 和 LPS。

② 解压 Crack 压缩包，复制 license.dat 和 ERDAS.exe 到安装目录下。默认路径 C：\ ProgramFiles \ Leica Geosystems \ Shared \ Bin \ NTx86。

③ 运行 Licenses Tools 的 FlexLM Tools，选择 Config Services 选项卡，填写如下（默认路径，安装进别的盘的要修改一下）："Use Services" 和 "Start Server at Power up" 打钩，点 "Save Service"。

④ 点开 Start/Stop/Reread 标签页，点 Start Server。

⑤ 运行 ERDAS 9.2，选择许可证服务器。

（3）熟悉 ERDAS 软件界面和基本功能。

6.6.4　实验要求

（1）操作要求　每个同学上机操作，学会软件的安装、启用和软件的使用方法。

（2）技术要求　参考技术手册和软件的联机帮助。

6.6.5　注意事项

（1）因机房硬盘保护，学生将软件安装在自己的计算机上。

（2）注意计算机系统版本的差异和计算机数据位数的差异。

6.7 ERDAS 软件的基本操作

6.7.1　实验目的

学习遥感图像处理软件 ERDAS 的图形界面和基本操作，掌握基本功能，为综合实习做好准备。

6.7.2　实验设备

计算机，ERDAS 8.5 或 ERDAS 9.2 软件。

6.7.3　实验步骤

（1）熟悉 ERDAS 的图形界面，如图 6-1 所示。

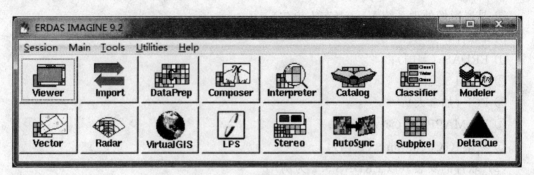

图 6-1　ERDAS 9.2 界面

（2）了解 ERDAS 软件基本功能，包括视窗功能、数据输入输出、数据预处理、专题制图、数据解译、数据库管理、图像分类、空间建模、矢量功能、雷达图像处理、虚拟 GIS、LPS，等等。

（3）学习视窗模块的主要操作

① 图像、图形的显示；

② 数据的输入输出；

③ 波段组合；

④ 光标查询；

⑤ 数值量测；

⑥ 数据叠加显示；

⑦ 三维图像显示；

⑧ 图像信息查询；

⑨ 图像格式转换；

⑩ 图像缩放漫游操作等。

6.7.4　实验要求

（1）操作要求　先观察老师的演示操作，同学再亲自操作，反复练习。

（2）技术要求　参考技术手册和软件的联机帮助。

6.7.5　注意事项

（1）在操作过程中，注意界面截图，以便编写实习报告。

（2）因机房硬盘写保护，在实验过程中随时存盘，以防数据丢失。

6.8　综合实习

6.8.1　实习目的

教学实习是理论教学和实验教学的升华提高，是进一步巩固和深化理论知识、理论与实践相结合的重要环节。通过实习掌握遥感影像处理系统的基本操作，掌握遥感影像的输入输出、几何校正、裁剪镶嵌、增强处理、解译调绘、分类统计、信息提取以及专题成图的原理和工作程序。培养学生的应用能力和创新能力，培养学生严肃认真、实事求是、吃苦耐劳、团结协作的精神。要求学生必须参加每一个实习环节，独立完成实习任务和实习报告。

6.8.2 实习条件（表 6-2）

表 6-2 实习所用设备

序号	名称	数量	备注
1	计算机	1套/人	
2	遥感图像处理软件	1套	ERDAS
3	遥感影像	若干	
4	调绘工具	1套	

6.8.3 实习内容和时间分配（表 6-3）

表 6-3 实习内容和时间分配

序号	实习内容	时间/天
1	实习动员,熟悉遥感影像处理系统	1
2	数据输入输出、数据预处理	1
3	图像解译、图像分类	1
4	图像调绘与矢量处理、虚拟地理信息系统	1
5	专题成图,实习总结、编写报告	1

6.8.4 技术要求

（1）熟悉软件，以视窗操作（Viewer）为主，主要掌握以下内容。

主菜单命令及工具图标，视窗菜单和视窗工具，图像、图形的显示，数据的输入输出，波段组合，光标查询，数值量测，数据叠加显示，三维图像显示等。

（2）几何校正

① 对系统所提供的示例影像进行几何校正（用参考图像法，Existing Viewer）；

② 对实习影像进行几何校正（用键盘输入控制点坐标法，Keyboard only）。

（3）影像的裁剪与镶嵌

① 影像的裁剪；

② 影像的镶嵌。

（4）图像增强处理

① 空间增强；

② 辐射增强；

③ 光谱增强。

（5）遥感影像的解译和调绘

① 室内解译；

② 野外调绘。

（6）遥感影像信息提取

① 点类；

② 线类；

③ 面类。

（7）分类处理

① 非监督分类；

② 监督分类。

（8）专题制图

① 数字线画地图；

② 土地利用分类图。

6.8.5　组织纪律

（1）遥感原理与应用实习实行教师指导下的班长、课代表负责制。

（2）在指导教师的安排下，以小组或个人为单位，在确保安全的前提下开展各项实习活动。

（3）实习期间，学生要遵守实习纪律，按时到达指定实习地点，严禁迟到、早退，有事需向指导教师请假。

（4）遵照机房规章，保证环境卫生。

6.8.6　上交资料

每人交实习报告一份。上交电子版，不必打印。

第❼章 地理信息系统原理及应用课程实训

地理信息系统原理及应用课程是测绘类专业的一门专业课，要求学生掌握地理信息系统的基本概念、原理和方法，了解 GIS 的发展趋势和方向，会利用 GIS 软件进行地理数据的采集、处理和分析等。

7.1 课程实训教学目标

本课程通过实验与综合实习达到如下目标。

（1）巩固基础理论知识　通过课程实验教学，使学生巩固地理信息系统的基本概念、原理和方法，加深对综合知识的理解。

（2）提高软件操作技能　较为熟练地掌握国产地理信息系统软件 MapGIS 的基本操作，提高绘图和空间分析的能力。

（3）提高综合素质和创新精神　培养实事求是、一丝不苟、艰苦朴素的工作作风，学会发现问题和解决问题，提高创新能力。

7.2 课程实验内容及学时分配

本课程安排实验 4 个，共计 8 学时，具体实验内容及学时分配见表 7-1。

表 7-1　实验内容及学时分配

序号	实验内容	学时	序号	实验内容	学时
1	图形输入	2	3	属性编辑	2
2	图形编辑和拓扑处理	2	4	空间分析	2

7.3 图形输入

7.3.1　实验目的

MapGIS 是武汉中地数码科技有限公司研制的具有自主版权的大型基础地理信息系统软件平台。主要功能有："数据输入"、"图形编辑"、"库管理"、"空间分析"、"数据输出"、"文件转换"、"误差校正"、"镶嵌配准"等。

MapGIS 的软件版本有以下几种。

① MapGIS 6x 和 MapGIS 7x——MapGIS 早期系列产品；

② MapGIS K9——2009 年 11 月发布；

③ MapGIS K9 SP3——2011 年 7 月 20 日发布，具有云服务；

④ MapGIS 10——MapGIS 软件最新产品，2014 年 5 月发布，是云 GIS 软件。

本实验要求学生掌握 MapGIS 的图形输入功能。

7.3.2　实验设备

MapGIS 软件 1 套，计算机 1 台。

7.3.3　实验步骤

MapGIS 单文件类型有以下几种。

WT：点文件；

WL：线文件；

WP：区文件；

MPJ：工程文件；

CLN：工程图例文件；

RBM：内部栅格数据文件；

TIF：扫描光栅文件。

本实验的具体操作步骤如下。

（1）环境设置　打开 MapGIS 软件，进入"系统设置"，对 MapGIS 操作需要的环境进行设置。根据需要设置系统的"工作目录"和"系统临时目录"，设置"矢量字库目录"为安装软件文件夹下的 CLIB 文件夹，设置"系统库目录"为安装软件文件夹下的相应文件夹（默认为 SILB 文件夹）。

（2）装入光栅文件　栅格数据可通过扫描仪扫描原图获得，并以图像文件形式存储。系统可以直接处理 TIF（非压缩）格式的图像文件，也可接受经过 MapGIS 图像处理系统处理得到的内部格式（RBM）文件。该功能就是将扫描原图的光栅文件或将前次采集并保存的光栅数据文件装入工作区，以便接着矢量化。

首先进入"输入编辑"子系统，点击确定选择默认设置新建工程。然后在矢量化菜单下，选择装入光栅文件，将实验所需"全国行政区划地图"装入。

（3）新建点、线、区等文件　在"输入编辑"子系统左侧，右键选择新建点、线、区等文件，注意设置文件名和文件路径，如图 7-1 所示。

MapGIS 把矢量地图要素根据基本几何特征分为三类：点数据、线数据和区数据（即面数据）。与之相应的文件也分为三个基本类型：点文件（＊.WT）、线文件（＊.WL）和区文件（＊.WP）。

① 点（point）　点是地图数据中点状物的统称，是由一个控制点决定其位置的符号或注释。它不是一个简单的点，而是包括各种注释（英文、汉字、阿拉伯数字等）和专用符号（包括圆、五角星、亭子等）。它与线编辑中"线上加点"的点的概念不同，"线上加点"的点是坐标点。所有的点图元数据都保存在点文件中（＊.WT）。

② 线（line）　线是地图中线状地物的统称。MapGIS 将各种线型（如省界、国界、等高线、铁路、公路、河堤）以线为单位作为线图元来编辑。所有的线图元数据都保存在线文件中（＊.WL）。

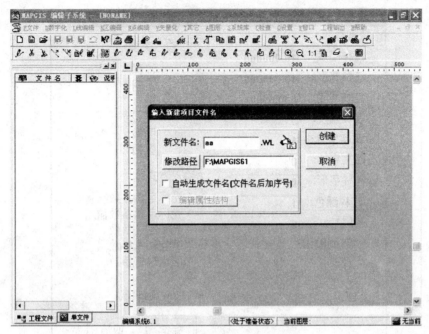

图 7-1　新建文件

③ 区（polygon）　区通常也称面，它是由首尾相连的弧段组成封闭图形，并以颜色和花纹图案填充封闭图形所形成的一个区域。如湖泊、居民地等。所有的区图元数据都保存在区文件中（＊.WP）。

④ 图层（layer）　图层是对一类具有相似特性的地理数据的引用。在 GIS 的应用中，同一文件中有多种类型的地理要素。如一个线文件中可能包括等高线、公路、铁路、河流等多种类型的线。为了便于编辑和管理，一般情况下，可以把同一类型的地理要素放到同一图层中。例如，将所有的铁路都放到铁路图层，而把所有的等高线都存放到等高线图层，这样所有的图层都叠加起来就构成了一个完整的线文件。根据实际需要，一个图层也可存为一个单独的文件。

⑤ 工程　对 MapGIS 要素层的管理和描述的文件，它提供了对 GIS 基本类型文件和图像文件的有机结合的描述。它可由一个以上的点文件、线文件、区文件和图像文件（＊.MSI)组成。在工程管理中还提供了对工程所使用的不同的线型、符号等图例以及图例参数、符号的管理和描述（＊.MPJ）。工程的概念存在于 MapGIS 早期版本 6X 和 7X 中。

⑥ 地图文档（GISDocument）　地图文档是地图的一种数据的综合表现和管理形式，存储了组成地图的各种制图元素，包括标题、指北针、图例、比例尺、专题图、布局、数据窗体、图层等。MapGIS K9 及以后版本采用此概念。

⑦ 地图（Map）　用户感兴趣的一些对地理数据引用构成的图层的集合。地图的主要作用是集中地管理这些独立的图层，为用户归纳、综合分析地理数据等提供手段。

（4）矢量化　矢量化常用功能键：F5——放大屏幕；F6——移动屏幕；F7——缩小屏幕；F8——加点；F9——退点；F11——改向；F12——抓线头。

点的输入要根据需要选择注记或者符号，然后选择相应的参数，在图形显示区域进行输入，如图 7-2 所示。

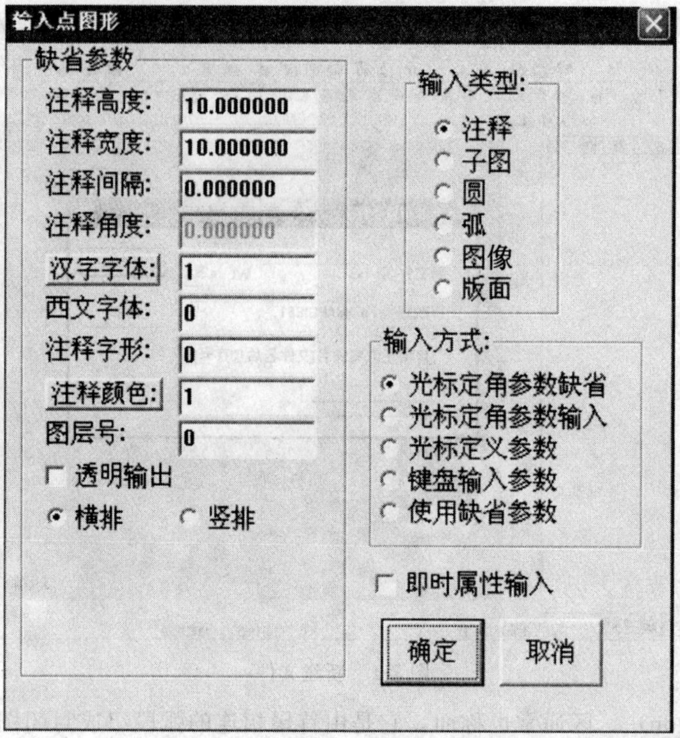

图 7-2　点参数

　　线的矢量化，选择相应线型、颜色、宽度等参数，沿栅格数据线的中央进行跟踪，将其转化为矢量数据线，如图 7-3 所示。

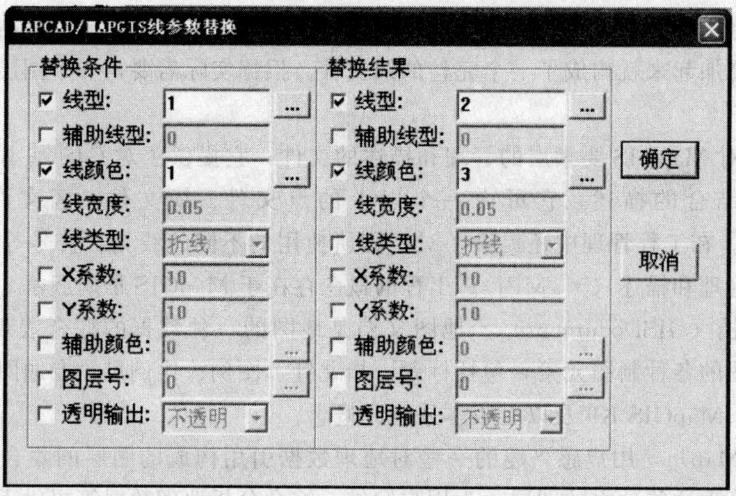

图 7-3　线参数

　　区的矢量化，选择区编辑菜单中的输入弧段，其输入方式等同于线的输入。

　　矢量化完成后，点击菜单"设置"——"参数设置"，点击"还原显示"选项卡，之前设置的线参数和弧段的参数等就可以显示出来。

7.3.4　实验要求

（1）操作要求　首先熟悉软件的图形输入功能中的各个菜单、工具等，装入光栅文件。然后，矢量化光栅文件中的注释、边界线。

（2）技术要求　线的矢量化要保证精度，栅格要放大到一定程度，并且保证完整、无错误；注记、符号的输入要完整、无错误、大小比例合适。

7.3.5　注意事项

（1）注记的输入要选择好高度、宽度、汉字字体、注释颜色；

（2）符号的输入要选择好子图号、子图高度、子图宽度、子图颜色；

（3）线的矢量化尽量走栅格的中心线，矢量化时要尽量放大，以保证精度；

（4）线参数必须要选择好线型、颜色、宽度，否则线显示不出来。

7.4　图形编辑和拓扑处理

7.4.1　实验目的

掌握 MapGIS 的图形编辑和拓扑处理的功能。

7.4.2　实验设备

MapGIS 软件 1 套、计算机 1 台。

7.4.3　实验步骤

具体操作步骤如下。

（1）点的编辑　根据需要对点文件进行删除点、移动点、复制点、修改文本、修改点参数等操作。

（2）线的编辑　根据需要对线文件进行删除线、线上移点、移动线、光滑线、造平行线、修改线方向、统改参数等操作。

（3）拓扑处理

① 线完成输入编辑后，在"其他"菜单中选择"拓扑错误检查"——"线拓扑错误检查"，对检查出的拓扑错误按照要求进行修改。拓扑错误一般有以下几种类型。

重叠坐标：清除弧段重叠坐标或清除所有弧段重叠坐标。

悬挂弧段：删除没用的悬挂弧段。

弧段相交：剪断自相交弧段或剪断所有自相交弧段。

重叠弧段：清除重叠弧段或清除所有重叠弧段。

节点不封闭：节点平差或弧段移点。

图 7-4 为拓扑错误信息。

② 改正所有的错误后，点击菜单"其他-线转弧段"，另存为一个区文件，此时将线文件转为一个区文件。

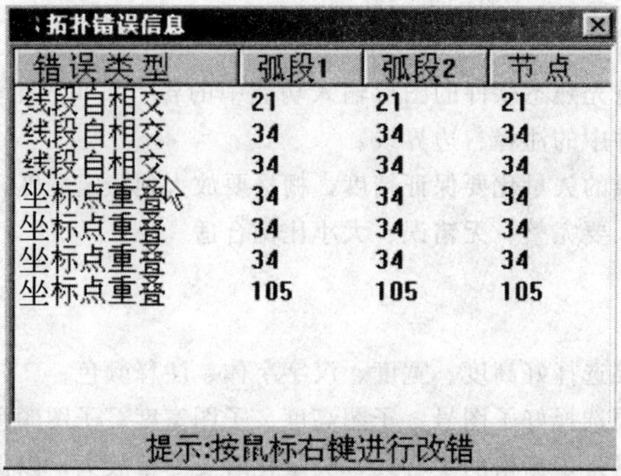

图 7-4　拓扑错误信息

③ 然后将区文件加入软件中，编辑，点击菜单：其他-拓扑重建，区文件生成。可以根据需要对区进行编辑，区编辑包括删除弧段、移动弧段、合并区、分割区等操作。

区文件的生成，除了由线转弧段——拓扑重建以外，还可以直接在区文件中输入弧段，采用输入区或拓扑重建得到。由于弧段的处理容易产生错误，建议简单的单个区可以直接输入弧段生成；复杂的区最好输入线，线转弧段再生成。

7.4.4　实验要求

（1）操作要求　首先熟悉软件的图形输入编辑功能中的各个菜单、工具等，然后再进行线和点的编辑。

（2）技术要求　通过编辑保证矢量化的点和线要全面、正确，线没有任何拓扑错误。

7.4.5　注意事项

（1）点、线编辑时要根据自己矢量化的具体情况进行，充分利用 MapGIS 的编辑功能。

（2）如果图形输入实验中线的输入精度符合要求，本实验检查线的拓扑错误时软件会自动修复，即检查不出任何拓扑错误。反之，如果线的输入精度不符合要求，本实验检查线的拓扑错误时会显示拓扑错误信息，根据具体拓扑错误选择修改方式，直到没有任何拓扑错误为止，否则转成的区文件会有问题。

（3）"线转弧段"操作后，线文件转为一个区文件，一定要把区文件添加进来，对区文件进行拓扑重建，否则无法进行拓扑重建操作。

7.5 属性编辑

7.5.1　实验目的

掌握 MapGIS 中编辑属性结构、编辑属性、输出属性、连接属性等功能。

7.5.2　实验设备

MapGIS 软件 1 套，计算机 1 台。

7.5.3 实验步骤

具体操作步骤如下。

（1）编辑属性结构　在属性管理子系统中打开需要编辑的文件，选择"结构"菜单中的"编辑属性结构"，根据需要对文件的结构进行修改。

（2）编辑属性　选择"属性"菜单中的"编辑属性"，根据需要对相应的字段内容进行编辑。

（3）输出属性　选择"属性"菜单中的"输出属性"，根据需要选择相应字段进行输出。

（4）连接属性　选择"属性"菜单中的"连接属性"，根据需要将表格数据和 MapGIS 的文件按共同字段进行属性连接。

属性管理页面如图 7-5 所示。

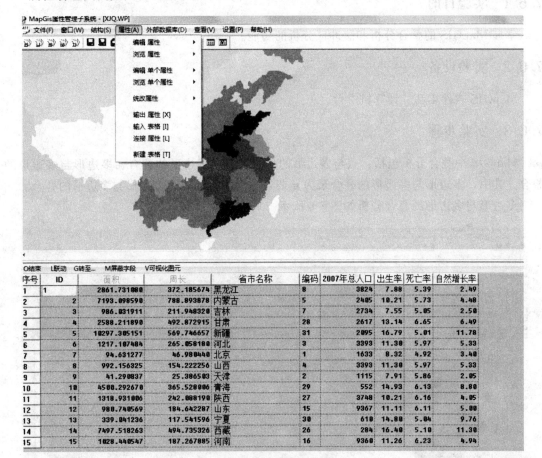

图 7-5　属性管理

7.5.4 实验要求

（1）操作要求　首先熟悉软件的属性库编辑功能中的各个菜单、工具等，然后对区文件"编辑区属性结构"中增加"省会"字段，将各个区的省会内容填入。

（2）技术要求　属性的填写要全面。

7.5.5 注意事项

（1）在属性管理子系统中添加区文件前，将编辑子系统中的区文件关闭，否则造成新的区文件被增加前的文件覆盖。

（2）编辑、修改区文件属性时，要选择"编辑属性——编辑区属性"，否则无法进行区文件编辑，因为软件默认是文件"浏览属性"状态。

（3）增加"省会"字段时，注意字段的类型、长度等要符合要求。

7.6 空间分析

7.6.1 实验目的

掌握 MapGIS 的叠合分析和缓冲区分析的功能。

7.6.2 实验设备

MapGIS 软件 1 套，计算机 1 台。

7.6.3 实验步骤

MapGIS 中叠合分析包括：点与多边形的叠合、线与多边形的叠合、多边形与多边形的叠合。其中，多边形与多边形的叠合最为复杂，本次实验即练习多边形与多边形的叠合。

多边形与多边形的叠合分析如图 7-6 所示。

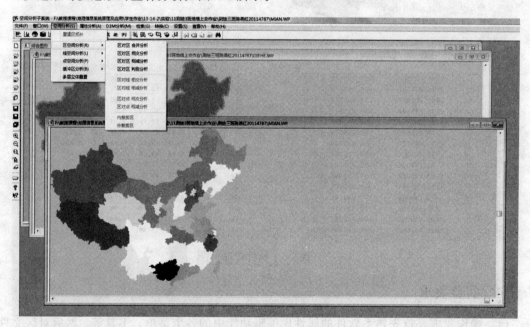

图 7-6 多边形与多边形的叠合分析

在 MapGIS 中，可以对点、线、多边形进行缓冲区分析，本次实验练习线的缓冲区分析，线的缓冲区分析如图 7-7 所示。

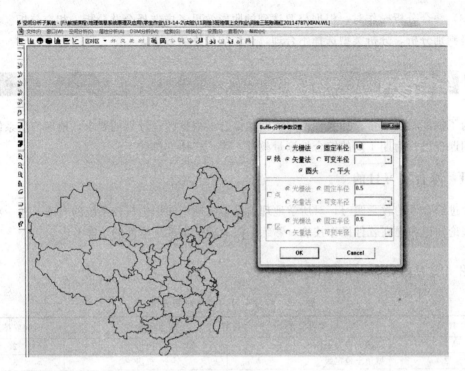

图 7-7　线的缓冲区分析

具体操作步骤如下。

（1）提取最外层的边界线　在编辑子系统中，在边界线文件中提取最外层的边界线方法：外层边界线修改其属性中的层，由 0 层改为别的层，如 1 层。然后在图层菜单中改当前层为 1 层，存当前层，选择保存线，取个名字。

（2）生成整个的全国区文件　添加该线文件，检查是否有漏掉的。将其转为弧段，检查错误，存为一个区文件，添加区文件，拓扑重建，生成一个整个的全国区文件。

（3）做缓冲区　在空间分析子系统中，装入刚才保存的该线文件，在空间分析菜单下选择缓冲区分析，以一定半径给该线做缓冲区，保存该区。

（4）叠合分析　用生成的缓冲区文件和生成的整个的全国区文件进行叠合分析。具体自己考虑是选用什么叠合方式生成最终的区文件，然后对这个区文件修改其参数，添加阴影效果。

7.6.4　实验要求

（1）操作要求　首先熟悉软件的空间分析功能中的各个菜单、工具等，给区文件制作阴影效果。

（2）技术要求　区文件的阴影宽度要合适，色调要合理。

7.6.5　注意事项

（1）以线做缓冲区，输入缓冲区半径后，先求一组线缓冲区，然后采用矢量法固定半径圆头的方式。

（2）缓冲区的半径要选择合理，过宽、过窄都会造成生成的阴影效果不佳。

（3）叠合分析操作时，根据想要达到的阴影效果考虑选择合并分析、相交分析、相减分析还是判别分析，分析类型选择不合理，会影响最终的效果。

7.7 综合实习

为了提高教学质量，加强理论与实践相结合，根据教学计划的要求，地理信息系统原理及应用课程进行为期1周的综合性测量教学实习，具体安排如下。

7.7.1 综合实习目的

通过综合性的教学实习，对所学地理信息系统理论知识进行较系统的实践，进一步巩固基础理论知识和提高软件操作技能，熟练掌握地理信息系统软件的功能及应用。

7.7.2 实习内容和时间分配（表7-2）

表 7-2 综合实习内容与时间分配

序号	实习内容	实习地点	时间安排/天
1	全国人口专题图	机房	2
2	城镇土地定级	机房	3
3	编写实习报告	教室	2

7.7.3 组织领导

在指导教师的领导下，在确保安全的前提下开展各项实习活动。实习期间，学生要遵守实习纪律，保持机房卫生，及时存盘，防止数据丢失；按时到达指定实习地点，做到不迟到、不早退，有事需向指导教师请假。

7.7.4 上交资料

（1）全国人口专题图

① CS　点状符号表，包括直辖市、省会、一般城市；

② XJX　行政界线表，包括各省行政区域轮廓界线（包括海岸线）；

③ HL　河流线表；

④ XJQ　行政辖区表，包括各省行政区域多边形，含有相关人口的属性数据；

⑤ HP　水库、湖泊区域多边形表；

⑥ MC　注记，包括图名、省、城市、河流等名称；

⑦ TL　图例区文件；

⑧ SC　输出地图。

（2）城镇土地定级图及 Excel 表格

① MapGIS 格式的商服繁华度缓冲区叠加图；

② MapGIS 格式的道路通达度缓冲区叠加图；

③ MapGIS 格式的对外交通便利度缓冲区叠加图；

④ MapGIS 格式的生活设施完善度图；

⑤ MapGIS 格式的公用设施完备度缓冲区叠加图；

⑥ MapGIS 格式的自然条件图；

⑦ MapGIS 格式的单元格区文件；

⑧ MapGIS 格式的所有影响因素和单元格叠加形成的最终图；

⑨ Excel 计算表格；

⑩ MapGIS 格式的土地级别图。

（3）实习报告

Word 格式的实习报告一份。

7.7.5 实习要求

（1）全国人口专题图的实习要求　每个同学用 2 天时间完成全国人口专题图的制作。首先在编辑子模块中，矢量化全国地图，范围为中国境界线内所有要素。矢量化要素包括：点状符号、线状符号、面状符号、注记等，参照底图按要求将其分别整饰为指定的符号。特别注意要将海岸线和行政界线放到同一个文件里，以便产生区文件。

行政边界线完成后，检查拓扑错误，生成行政区文件。给行政区文件编辑属性结构，增加"总人口"、"出生率"、"死亡率"、"自然增长率"字段，并录入属性数据。根据各省、自治区、直辖市的总人口划分为几个区间（6～8 个为宜），然后为各省、自治区、直辖市行政区域设置颜色，做成人口专题图。绘制图廓（内图廓、外图廓）、图名、图例等。要求颜色选择不要刺目，尽量选择同色系。

在输出子模块中，选页面设置——设置相应的纸张、比例等，采用光栅输出形式输出地图（光栅化处理）。

（2）城镇土地定级的实习要求　每个同学用 3 天时间利用 MapGIS 软件辅助完成城镇土地定级。首先对选定的 6 个因素因子，根据各自的数据特征选择相应的模型计算作用分值，并利用 MapGIS 的缓冲区分析、叠合分析等空间分析功能辅助制图，在各自叠合后的区文件中增加"商服繁华度"、"道路通达度"、"对外便利度"、"供水"、"医院"、"自然条件"相应的分值字段。

然后划分网格单元，并进行编号。将之前生成的"商服繁华度"、"道路通达度"、"对外便利度"、"供水"、"医院"、"自然条件" 6 个因子的结果图与单元格两两叠加，得到最终的叠合图。删掉没用的字段，只留下"面积"、"编号"、"商服繁华度"、"道路通达度"、"对外便利度"、"供水"、"医院"、"自然条件"共 8 个字段。在"属性管理子系统"中选择"输出属性"，将叠加后的区文件的属性输出成 dbf 格式。然后在 Excel 中打开 dbf 文件。输出时注意文件路径请选择在英文的文件夹下。

计算单元内各因素分值，采用面积加权求和法。公式如下：

$$各因素分值 = \sum_{i=1}^{n} 第 i 个小单元该因素分值 * 第 i 个小单元面积 / 该单元格面积$$

计算单元总分值，单元总分值计算采用公式：　　$P_i = \sum_{i=1}^{n} W_i \times F_i$

式中　P_i——单元总分值；

　　　W_i——定级因素权重；

F_i——单元格因素分值。

其中权重取值：商服繁华度为 0.350、道路通达度为 0.125、对外交通便利度为 0.125、生活设施完善度为 0.100、公用设施完备度为 0.150、自然条件为 0.150。

级别划分：将计算得出的单元总分值划分为 4 个级别，利用区菜单中根据属性赋参数，将 4 个级别段分别赋予不同的颜色。最后根据赋完颜色的图将各个级别段边界勾绘出来，即形成了城区土地级别图。

第 8 章 地籍与房产测量课程实训

地籍与房产测量是一门专业课，要求掌握地籍与房产测量的基本概念、原理和方法，进一步熟练掌握全站仪等测绘仪器的基本操作技能，提高外业地籍测量的工作能力，掌握数字地籍成图的关键技术。

8.1 课程实训教学目标

（1）巩固基础理论知识　通过课程实验教学，巩固地籍与房产测量的基本概念、原理和方法，加深对理论知识的理解。

（2）提高仪器操作技能　较为熟练地掌握全站仪等测绘仪器的基本操作技能，提高外业地籍测量的工作能力。

（3）掌握地籍图成图的技术要求和工作程序　熟练掌握地籍图成图的工作程序和精度要求，掌握数字地籍成图的关键技术。

（4）提高综合素质和创新能力　通过实习，使自身的综合素质得到全面提高，同时学会发现问题和解决问题，提高创新能力，增强法律意识、政策意识和社会意识。

8.2 课程实验内容及学时分配

本课程实训包括课程实验和综合实习。综合实习 1 周；课程实验 4 个，共计 8 学时，具体实验内容及学时分配见表 8-1。

表 8-1　实验内容及学时分配

序号	实验内容	学时	序号	实验内容	学时
1	土地权属调查	2	3	界址点测量	2
2	地籍控制测量	2	4	地籍图和宗地图的绘制	2

8.3 土地权属调查

8.3.1 实验目的

(1) 掌握土地权属调查的方法和步骤、宗地号的预编制方法、界址线丈量的方法；

(2) 掌握地籍调查表填写、宗地草图的绘制方法。

8.3.2 实验设备

钢尺1把，记录板1块，三角板1对，红油漆1桶，毛笔1支，地籍调查表5张。

8.3.3 实验步骤

本实验在室外进行，每小组4～5人。首先选定一宗地。小组中2人定点，1人量距，1人记录。具体操作步骤如下。

(1) 调查宗地的使用权人、坐落、四邻、用途和利用现状等信息，填写地籍调查表。

(2) 调查宗地的界址点、界址线，确定宗地的边界和界址点的位置，并作标志。

(3) 用钢尺丈量界址点之间、界址点和地物点之间的距离，并绘制宗地草图。

8.3.4 实验要求

(1) 掌握土地权属调查的方法和步骤。

(2) 每小组要调查5宗地，详细填写地籍调查表，宗地草图。

8.3.5 注意事项

(1) 界址点之间、界址点和地物点之间的距离丈量应符合钢尺量距的要求。

(2) 填写地籍调查表要符合地籍调查的要求，必须做到记录真实、注记明确，如界址线应标明墙中、墙外或墙内等。

(3) 绘制的宗地草图要规范，能反映宗地的基本形状，界址点无遗漏并编号，边长注记要准确，注记到厘米。

8.3.6 实验表格

地籍调查表如表8-2所示。

表 8-2　地籍调查表样式

编号：

地　籍　调　查　表

_____区(县)_____乡、镇、街道_____号

年　月　日

土地使用者		名称	
		性质	
上级主管部门			
土地坐落			

法人代表或户主		代 理 人		
姓名	身份证号码	姓名	身份证号码	电话号码

土地权属性质	

预 编 地 籍 号	地 籍 号

所在图幅号	
宗地四至	详见宗地草图

批准用途	实际用途	使用期限

共有使用权情况	

说明	

续表

界址点号	界标种类					界址间距/m	界址线类别					界址线位置			
	钢钉	水泥桩	石灰桩	喷油漆			围墙	墙壁				内	中	外	
1														√	
2														√	
3														√	
4													√		
5														√	
6														√	
7														√	
8														√	
1															

界址线		邻宗地			本宗地		
起点号	终点号	地籍号	指界人姓名	签章	指界人姓名	签章	日期
界址调查员姓名							

续表

权属调查记事及调查员意见：
调查员签字　　　　　　　　　　　　　　　　日期
地籍勘丈记事：
勘丈员签字　　　　　　　　　　　　　　　　日期
地籍调查结果审核意见：
审核人签章　　　　　　　　　　　　　　　审核日期

8.4 地籍控制测量

8.4.1 实验目的

(1) 熟练掌握利用全站仪进行地籍图根控制测量的工作程序；

(2) 学会地籍图根控制测量的选点、观测、记录、计算方法。

8.4.2 实验设备

(1) 全站仪每组 1 套，包括主机 1 台、三脚架 3 个、棱镜 2 个、小钢尺 3 把；

(2) 木桩，铁钉，铁锤，2H 或 3H 铅笔，刀片，橡皮，记录板；

(3) 导线测量记录表，导线坐标计算表。

8.4.3 实验步骤

(1) 选点　根据测区的大小、测区内界址点分布情况，以及界址点的精度要求，合理布设一定数量的图根控制点，并做标记。

(2) 测量　利用全站仪进行地籍图根控制测量，水平角利用测回法观测一个测回，水平距离和垂直距离采用盘左盘右及对向观测取均值。具体操作参见 2.10 节。

(3) 按测量精度的要求，进行检核和坐标计算，求出各控制点的坐标。

8.4.4 实验要求

(1) 每个实习小组布设一套控制点，完成外业数据采集。

(2) 技术要求　图根导线的全长相对中误差＜1/2000，方位角闭合差＜$\pm 40'' \sqrt{n}$。

8.4.5 注意事项

(1) 测区范围不易过大，控制点选择 6～8 个为宜。

(2) 严格遵守测绘仪器操作规范，确保仪器和人身安全。

(3) 外业测量完成后，应及时进行导线点坐标计算，确保精度要求。

8.4.6 实验表格

计算所用的全站仪导线测量记录表、导线坐标计算表，参见 2.10 节的内容。

8. 界址点测量

8.5.1 实验目的

(1) 掌握界址点测量的基本方法，如极坐标法、交会法、分点法、直角坐标法等。

(2) 掌握测量界址点的野外操作和内业计算。

8.5.2 实验设备

(1) 全站仪每组 1 套,包括主机 1 台、三脚架 1 个、棱镜 2 个、对中杆 2 个、钢尺 1 把、记录板 1 块;

(2) 钢尺丈量记录表,界址点成果表,控制点成果资料。

8.5.3 实验步骤

本实验在室外进行,要求场地开阔,各小组之间尽可能不相互干扰。实验小组一般由 4～5 人组成,要求轮流操作和记录。

(1) 根据控制点和待测界址点分布情况,确定哪些界址点采用哪种方法测量。

(2) 极坐标法 在一个控制点上架设全站仪,首先定向,然后转向待测界址点,直接用全站仪解析各处界址点的坐标。

(3) 角度交会法 分别在两个控制点上设站,在两个测站上测量两个角度进行交会,以确定界址点的位置。

(4) 距离交会法 在两个控制点上分别量出至一个界址点的距离,从而确定界址点的位置。

(5) 内外分点法 当界址点位于两个已知点的连线上时,分别量测出两个已知点至界址点的距离,从而确定出界址点的位置。

8.5.4 实验要求

(1) 每组分别用极坐标法、交会法、分点法、直角坐标法测量 7～8 个界址点,根据测量数据,计算出界址点的坐标。

(2) 界址点精度的规定见表 8-3。

表 8-3 《城镇地籍调查规程》中对界址点精度的规定

级别	界址点相对于邻近控制点的点位中误差/cm		相邻界址点之间的允许误差/cm	适用范围
	中误差	允许误差		
一	±5.0	±10.0	±10	地价高的地区、城镇街坊外围界址点街坊内明显的界址点
二	±7.5	±15.0	±15	地价较高的地区,城镇街坊内部隐蔽的界址点及村庄内部界点
三	±10.0	±20.0	±20	地价一般的地区

注:界址点相对于邻近控制点的点位中误差系指采用解析法测量的界址点应满足的精度要求;界址点间距允许误差系指采用各种方法测量的界址点应满足的精度。

8.5.5 注意事项

(1) 极坐标法的测站点可以是基本控制点、图根控制点;角度交会法一般用于测站上能看到界址点的位置,但是无法量测出测站点至界址点的距离的情况;内外分点法必须是界址点位于已知点的连线上。

（2）用角度交会法时，交会角应在 30°～150°的范围内。

（3）对界址点坐标计算，每个人必须单独完成，计算过程随其他资料一同上交。

8.6 地籍图和宗地图的绘制

8.6.1 实验目的

（1）了解南方 CASS7.0 成图系统、瑞得数字地籍成图系统的特点及功能。

（2）掌握绘制宗地图和地籍图的过程和基本方法。

8.6.2 实验设备

（1）南方 CASS7.0 成图软件 1 套，瑞得数字测图软件 1 套；

（2）计算机 1 台，全站仪 1 台。

8.6.3 实验步骤

8.6.3.1 南方 CASS7.0 成图系统操作

（1）绘制地籍图　在 CASS7.0 中，"界址线"和"权属线"是同一个概念。首先需要绘制出地形平面图，具体方法可参见 2.12 节，然后绘制权属线来生成地籍图。绘制权属线有两种方法：直接绘制和自动绘制。

1）直接绘制　是直接在屏幕上用坐标定点方式手工绘制权属线。具体操作步骤如下。

① 首先点击一级菜单"地籍"下的子菜单"绘制权属线"，则在下方命令行出现输入"第一点"提示；

② 采用跟踪或对象捕捉的方式，依次输入各界址点；输入最后一个界址点后，在命令行输入"C"回车，则弹出如下对话窗。

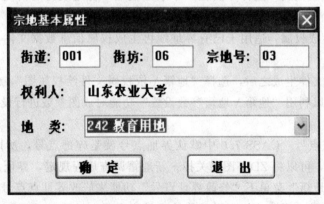

图 8-1　宗地基本属性输入

③ 在图 8-1 所示的窗口中，输入街道、街坊、宗地号、权利人和地类号；然后点击"确定"，则在命令行出现"输入宗地号注记位置："提示；

④ 在本宗地的中央位置点击鼠标左键，则在鼠标点击处显示宗地号、地类号和面积值，边长值显示在界址边上。

至此，一宗地的权属界线绘制完毕，宗地的属性信息立即加入到权属文件里。

2）自动绘制　是通过事前生成权属信息数据文件的方法来自动绘制权属线。权属信息数据文件生成方法主要有以下四种。

① 权属合并　权属合并需要用到两个文件：权属引导文件（＊.yd）和界址点数据文件（＊.dat）。

权属引导文件的格式如下：

宗地号，权利人，土地类别，界址点号，……，界址点号，E（一宗地结束）

宗地号，权利人，土地类别，界址点号，……，界址点号，E（一宗地结束）

E（文件结束）（E要求大写）

如：south.yd 的格式

0010100001，天河中学，242，37，36，181，182，41，40，39，38，E

0010100002，广州购书中心，211，38，39，40，41，182，184，183，E

……

E

这时，权属信息数据文件 south.qs 已经生成，再使用"地籍\依权属文件绘权属图"命令绘出权属信息图。

② 由图形生成权属　在外业完成地籍调查和测量后，得到界址点坐标数据文件和宗地的权属信息；在内业时，可以用此功能完成权属信息文件的生成工作。

先用"绘图处理"下的"展野外测点点号"功能展出外业数据的点号，再选择"地籍\生成权属\由图形生成"项，依据命令区提示依次键入相应内容（详细操作步骤请参见CASS 7.0 说明书 4.1.2）。

权属信息数据文件生成之后，再使用"地籍\依权属文件绘权属图"命令绘出权属信息图。以上操作中采用的坐标定位，也可用点号定位。

③ 用复合线生成权属　这种方法在一个宗地就是一栋建筑物的情况下特别好用，不然的话就需要先手工沿着权属线画出封闭复合线。

④ 用界址线生成权属　适用于已有界址线再生成权属信息数据文件，一般是用在统计地籍报表的时候。

权属信息数据文件生成之后，选择"地籍\依权属文件绘权属图"，绘制地籍图，在进行此项操作之前可以利用"地籍\地籍参数设置"功能对成图参数进行设置。

（2）图形编辑

① 修改界址点点号　CASS 7.0 中默认界址点号就是碎部点号，所以需要修改界址点号。用此功能之前，可以将 ZDH 图层关掉。新地籍调查规程规定，界址点号采用在街坊内统一编号。选取"地籍"菜单下"修改界址点号"功能来修改界址点点号。

② 重排界址点号　用此功能可批量修改界址点点号。选取"地籍"菜单下"重排界址点号"功能来重排界址点号。重排结束，屏幕提示排列结束，最大界址点点号为 XX。可通过注记界址点点名\全图注记，将修改之后的界址点点名显示出来。如果界址点标注顺序发生了改变，比如原来地籍\地籍参数设置中界址点编号方向为顺时针，现在改成了逆时针，

可通过注记界址点点名＼删除注记，再选择注记界址点点名＼全图注记，将变化之后的界址点点名显示出来。

③ 界址点圆圈修饰（剪切＼消隐） 用此功能可一次性将全部界址点圆圈内的权属线切断或消隐。

选取"地籍＼界址点圆圈修饰＼剪切"功能。屏幕在闪烁片刻后即可发现所有的界址点圆圈内的界址线都被剪切，由于执行本功能后所有权属线被打断，所以其他操作可能无法正常进行，因此建议此步操作在成图的最后一步进行，而且，执行本操作后将图形另存为其他文件名或不要存盘。一般来说，在出图前执行此功能。

选取"地籍＼界址点圆圈修饰＼消隐"功能。屏幕在闪烁片刻即可发现所有的界址点圆圈内的界址线都被消隐，消隐后所有界址线仍然是一个整体，移屏时可以看到圆圈内的界址线。

④ 界址点生成数据文件 用此功能可一次性将全部界址点的坐标读出来，写入坐标数据文件中。选取"地籍成图"菜单下"界址点生成数据文件"功能。

（3）宗地属性处理

① 宗地合并 宗地合并每次将两宗地合为一宗。选取"地籍成图"菜单下"宗地合并"功能来完成宗地的合并，宗地合并后，两宗地的公共边被删除，宗地属性为第一宗地的属性。

② 宗地分割 宗地分割每次将一宗地分割为两宗地。执行此项工作前必须先将分割线用复合线画出来。选取"地籍"菜单下"宗地分割"功能来完成宗地的分割。宗地分割后，原来的宗地分为两宗，但此时属性与原宗地相同，需要进一步修改其属性。

（4）绘制宗地图 绘制地籍图后，便可制作宗地图了，具体有单块宗地和批量处理两种方法。

① 单块宗地 该方法需用鼠标划出切割范围，一次只能绘制一个宗地图。具体操作方法如下。

（a）点击"地籍＼绘制宗地图框 A4 竖＼单块宗地"，则在命令行显示"用鼠标器指定宗地图范围—第一角"提示，然后在适当位置用鼠标点击宗地外的左下角，出现选择框，拖动鼠标框选整个宗地，点击鼠标左键，出现如图 8-2 所示的提示窗。

（b）在图 8-2 中，选择"手工输入"后点击"确定"，则在命令行出现"请输入宗地图比例尺分母＝1："提示。根据宗地面积大小输入适宜的比例尺分母值，如 1000 回车，则在命令行出现"用鼠标器指定宗地图框的定位点："提示。然后在宗地图范围外的适当空白位置，点击鼠标左键，则绘出了宗地图。

（c）自动绘制或手工绘制的宗地图，界址点坐标表都在宗地图框的外面，如果太大，需要点击"编辑＼比例缩放"，通过选择对象、指定基点、输入比例因子操作，将其适当缩小，再移动到宗地图框的左上角。然后再对本宗地权利人、四至名称等进行标注和编辑，修饰界址点圆圈（剪切＼消隐）。

② 批量处理 该方法可批量绘出多宗宗地图。选择"地籍＼绘制宗地图框＼A4 竖＼批量处理"，绘制多幅宗地图。多幅宗地图画好之后，如果要将宗地图保存到文件，则在所设目录中生成若干个以宗地号命名的宗地图形文件，而且可以选择按实地坐标保存。

（5）绘制地籍表格 包括界址点成果表、界址点坐标表、以街坊为单位界址点坐标表、

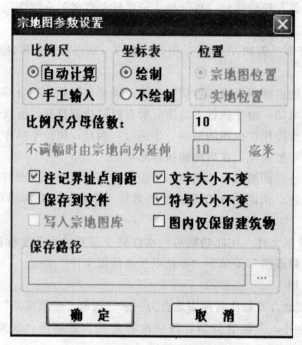

图 8-2　宗地参数设置窗

以街道为单位宗地面积汇总表、城镇土地分类面积统计表、街道面积统计表、街坊面积统计表、面积分类统计表、街道面积分类统计表、街坊面积分类统计表，详细操作步骤请参见 CASS 7.0 说明书 4.4。

8.6.3.2　瑞得数字地籍测图软件的操作

在 RDMS 中绘制地籍图，需先将 .dat 文件通过 Excel 进行一系列的转换，转换成 .EBP 文件，然后在瑞得中导入点。

第一步：先将 .dat 文件用 Excel 软件打开，全选中，选择：数据 \ 分列 \ 分隔符号，点击"下一步"，选择"分隔符号为逗号"点击"下一步"，点击"完成"。调整列：第一列点号，第二列空，第三列点号，第四列 X 坐标，第五列 Y 坐标。之后将 .dat 文件另存为 *.csv（逗号分隔）。

第二步：打开 RDMS.exe，找到工具 \ 标准交换文件编辑，选择文件 \ 打开，文件类型选择"所有文件"，选择第一步用 Excel 软件转换成的 *.csv 文件；选择编辑 \ 替换，用 8 个空格替换"，，"，点击"另存为 EBP 3.0"存为 *.ebp 文件。（注意：此步操作中高程一列数据必须有，不能删除，否则不能展点）

第三步：在 RDMS.exe 主界面中，选择文件 \ 导入，选择转换好的 *.ebp 文件，用相应符号编辑地籍图，最后存 *.rdm 瑞得版地籍图。详细的编辑过程不再赘述，请参见有关说明书。

8.6.4　实验要求

（1）根据测量数据，熟练掌握用 CASS 7.0 软件绘制地籍图、宗地图及相关地籍表格的步骤；每人必须独立完成，编辑地籍图 1 幅、宗地图 5 宗。

（2）将全站仪导出的 .dat 文件转换成瑞得数据格式 *.ebp 的文件，并绘制地籍图。

8.6.5　注意事项

（1）在绘制权属界线时，应从本宗地的左上角点开始，按顺时针方向依次连接各点，直到最后一个界址点。

（2）绘制权属界线最后闭合时，在命令行必须输入"C"回车，不得直接连接起始点闭合。

（3）在图 8-1 中，街坊、宗地号必须为 2 位数；地类号可从下拉式菜单中选择。

（4）宗地图的比例尺应根据宗地面积大小确定，一般可利用自动绘制方法确定适宜的比例尺。

（5）宗地图的绘制要规范，要注明各项宗地信息。有些地方的土地管理部门还要求提供不标坐标只标边长的宗地图。

8.7　综合实习

8.7.1　综合实习目的

（1）巩固基础理论知识　通过课程综合实习，使学生巩固地籍与房产测量的基本原理和方法，加深对理论知识的系统理解。

（2）提高仪器操作技能　熟练地掌握全站仪、数字地籍成图软件的基本操作，提高地籍测量的工作能力。

（3）掌握地籍调查的工作程序　熟练掌握地籍图成图的工作程序和精度要求。

（4）提高综合素质　增强集体主义观念、劳动观念，培养实事求是、一丝不苟、吃苦耐劳的工作作风，学会发现问题和解决问题，提高实践创新能力。

8.7.2　实习内容和时间分配

本次实习历时 5 天，具体安排见表 8-4。

表 8-4　实习内容和时间分配

序号	实习内容	实习地点	时间安排/天
1	土地权属调查	校园	1
2	地籍控制测量	校园	1
3	界址点测量	校园	2
4	地籍图、宗地图绘制	测绘实验室	1

8.7.3　组织领导

（1）在指导教师的领导下开展实习。每个组由 4～5 人组成，设组长 1 人。

（2）班长负责检查全班各组考勤和各小组实习进度，协助解决实习有关事宜。

（3）学习委员负责检查各组仪器使用情况，收集各小组的实习成果。

（4）组长负责本组仪器的保管及安全检查、负责小组的实习安排，收集保管本组的实习资料和成果。

8.7.4　上交资料

（1）小组上交资料

① 全站仪导线测量记录表、导线坐标计算表；

② 地籍调查表、宗地草图；

③ 地籍图（电子版）1 份。

（2）个人上交资料

宗地图 1 幅，实习报告 1 份（3000 字左右，B5 或 A4 纸张）。

8.7.5　实习要求

（1）土地权属调查的要求　每组用 1 天时间完成土地权属调查。根据实习测区情况，认真调查每宗地的权利人、坐落、位置、四至、用途、利用状况等基本信息，填写地籍调查表，绘制宗地草图。要求每人独立填写地籍调查表、绘制宗地草图各 5 份，做到填写准确、绘图规范。

（2）地籍控制测量的要求　每组用 1 天时间完成地籍控制测量，施测一条 6~8 点的闭合导线，路线长度 0.5~1.0km。首先在测区内进行选点、测距、测角和导线定向，然后根据观测数据进行内业计算，推算出导线点的坐标。距离和水平角采用全站仪观测，通过测连接角进行导线定向。要求书写认真，表格填写齐全，计算准确无误。

水平角观测采用测回法，每个角度观测 1 个测回，上、下半测回之差 $\leqslant \pm 40''$，导线角度闭合差不大于容许值 $f_{\beta容} = \pm 40'' \sqrt{n}$，$n$ 为导线点数；每边的边长采用光电测距法测量 4 次，取平均值；导线全长的相对闭合差 $\leqslant 1/2000$。

（3）界址点测量的要求　每组用 2 天时间完成界址点测量。地籍控制测量工作完成后，以控制点为依据，采用全站仪碎部测量方法采集地形特征点和界址点数据。小组成员要轮流进行各环节实习，每人在测站上操作全站仪至少 2 站，熟练掌握观测、立镜、画草图和选择地形特征点的方法。后视点检测的纵、横坐标差均要求不超过 $\pm 5cm$。要求仪器操作规范，设站必须检核，选点合理，立镜到位，草图清晰。

（4）地籍图、宗地图绘制的要求　每组用 1 天时间完成地籍图、宗地图绘制。采集碎部点后，各组要及时传输数据，利用 CASS 7.0 软件编辑数字化地籍图，成图比例尺为 1：500。小组成员要轮流绘图，熟练掌握数据传输、数字化地籍图的成图方法。成图后，每小组要打印一幅数字化地籍图，然后到野外巡视检查，发现错误及时更正。要求每人绘制宗地图 10 份，做到绘图准确，成图规范，精度高。

实习注意事项及实习报告编写格式，请详见第 1 章的有关内容，在此不再赘述。

第 9 章 工程测量学课程实训

工程测量学是测绘工程专业的一门专业课程，涵盖了工程测量学的基本理论、方法与技术以及典型工程的测量和实践。实训的目的在于理论与实践相结合，让学生切身感受测量方法在工程测量中的应用，有效培养学生的实际操作技能。

9.1 课程实训教学目标

（1）巩固基础理论知识　通过课程实验教学，巩固工程测量学的基本概念、原理和方法，加深对综合知识的理解。

（2）提高仪器操作技能　较为熟练地掌握水准仪、经纬仪、全站仪和 GPS RTK 等测绘仪器的基本操作技能，提高测量和测设的能力。

（3）掌握放样工作程序和技术要求　熟练掌握高程放样、角度放样、点位放样和 GPS RTK 施工放样的工作程序和精度要求；初步具备小区域工程放样的能力。

（4）提高综合素质和创新精神　增强集体主义观念、劳动观念，培养实事求是、一丝不苟、艰苦朴素的工作作风；学会发现问题和解决问题，提高创新能力。

9.2 课程实验内容及学时分配

本课程共 7 个实验，共计 16 学时，具体实验内容及学时分配见表 9-1。

表 9-1　实验内容及学时分配

序号	实验内容	学时	序号	实验内容	学时
1	高程放样	2	5	断面测量	2
2	角度放样	2	6	土方量计算	2
3	点位放样	2	7	道路圆曲线放样	4
4	悬高测量及投测点位	2			

9.3 高程放样

9.3.1 实验目的

（1）掌握光学水准仪的高程放样作业程序；

（2）掌握电子水准仪的高程放样作业程序；

（3）在规定的点位上设计放样高程，并利用水准仪进行放样。

9.3.2 实验设备

（1）DS₃ 水准仪 1 台、三脚架 1 支、水准尺 1 副；

（2）DINI03 水准仪 1 台、三脚架 1 支、水准尺 1 副；自备计算器、粉笔。

9.3.3 实验步骤

9.3.3.1 光学水准仪的高程放样

（1）设计高程　根据附近已知水准点的高程，设计出放样点位的设计高程；

（2）安置仪器　熟悉粗平、调焦、照准、精平等水准仪操作步骤；

（3）高程放样

① 选择校园某建筑物墙壁，在靠近墙壁处选择一个待放样高程点位 P，根据附近已知水准点 A 和放样点 P 的位置，选择恰当的位置安置水准仪；

② 在已知水准点上安放水准尺，读取后视读数 a，计算视线高 $H_i = H_A + a$；

③ 利用视线高 H_i 和设计高程 H_P，计算出放样点位水准尺的放样数据 b，$b = H_i - H_P$；

④ 在放样点位上立水准尺，通过上下移动水准尺，使水准仪中丝读数等于 b，此时水准尺底端位置即为设计高程位置。用粉笔在水准尺底端位置做一标记，再重新读取中丝，检核放样结果，误差在 5mm 内即可，若超限，重新放样。

9.3.3.2 电子水准仪的高程放样

（1）安置仪器　将放样点的高程存储到相应的作业中，调出待放样点的高程；

（2）放样方法

① 当测量完已知高以后，放样点的理论高和已知点高差即可计算出来，计算出放样点理论高和实际高的差值 dz；

② 进入放样基准界面，选择或输入点号、代码、基准高，进行后视测量。接受测量结果后进入调用放样点界面，设置待放样点的点号、代码、理论高等信息，照准放样点上的标尺，按测量键。dz 为理论高和实际高的差值，立尺员在观测员的指挥下上下移动标尺，重复按测量键，直到 dz 变为 0，此时水准尺底端位置即为设计高程位置。

9.3.4 实验要求

（1）操作要求　首先熟悉水准仪的基本部件、功能和操作方法。每位同学要掌握水准仪放样高程的基本操作步骤，且在不同点位上设计不同的设计高程，进行放样。

（2）技术要求　放样点高程与实测高程之差不超过 ±3mm。

9.3.5 注意事项

（1）为便于上下移动水准尺，可选择建筑物垂直立面作为放样位置；

（2）电子水准仪属于精密贵重仪器，要确保安全，水准尺务必用双手扶稳；

（3）在上下移动水准尺时，要根据实际读数与应视读数之差，确定移动量。

9.3.6 实验表格

高程放样实验所用表格，如表 9-2 所示。

表 9-2 高程放样表格

测站	已知水准点		后视读数	视线高程/m	待测设点		前视尺应有读数	检测	
	点号	高程/m			点号	设计高程/m		实际读数	误差/mm

9.4 角度放样

9.4.1 实验目的

(1) 掌握 DJ_6 光学经纬仪正倒镜分中法角度放样操作程序；

(2) 掌握归化法放样水平角的基本操作。

9.4.2 实验设备

DJ_6 经纬仪 1 台，三脚架 1 个，测钎 1 对，小钢尺 1 把。

9.4.3 实验步骤

设已知点 O 和点 A，OA 方向通视良好，欲放样角度 β，使得 $\angle AOB = \beta = 90°$。

(1) 安置经纬仪　首先在 O 点安置经纬仪，对中、整平。

(2) 正倒镜分中法放样角度

① 盘左放样　利用盘左照准 A 点，配置水平度盘，若读数为 $0°00'18''$，顺时针转动照准部，在水平盘读数约为 $90°$ 时，固紧水平制动螺旋，转动水平微动螺旋使其方向读数为 $90°00'18''$，指挥持测钎人左右移动测钎，使测钎与仪器的竖丝正好重合，则仪器视线方向即为 OB_1 方向，在地面标出其位置；

② 盘右放样　倒转望远镜至盘右，照准 A 点，若水平度盘读数为 $180°00'24''$，则顺时针转动照准部，使水平度盘读数为 $270°00'24''$，同理，根据上述方法定出 OB_2；

③ 分中定点　在地面上利用小钢尺量取边 B_1B_2 距离，取其中点即为 B 点。

(3) 归化法放样角度

① 采用正倒镜分中法定出的放样方向 OB'；

② 用测回法测 2 个测回，测出 $\angle AOB' = \beta'$，计算设计值与实测值之差 $\Delta\beta = \beta - \beta'$；

③ 量出 OB' 的水平距离 S，计算归化量 $BB' = \dfrac{\Delta\beta}{\rho''}S$，从 B' 点起沿 OB' 的垂直方向量出

BB' 距离，即可精确定出 B 点。

9.4.4　实验要求

（1）熟悉经纬仪的基本部件、功能和操作方法；

（2）每位同学要掌握经纬仪放样角度的基本操作步骤，至少独立操作 1 次。

9.4.5　注意事项

（1）只在盘左配置水平度盘 1 次；

（2）$\Delta\beta$ 以秒为单位，$\rho'' = 206265''$；

（3）若 $\Delta\beta > 0$，向角外侧归化；反之，向角内侧归化；

（4）水平角放样操作不同于角度观测，需转动水平微动螺旋使水平度盘读数为应视读数。应视读数等于起始方向的读数加上所要放样的角度。

9.5　点位放样

9.5.1　实验目的

（1）掌握利用全站仪放样的基本方法和操作步骤；

（2）掌握 GPS RTK 的基本放样操作程序。

9.5.2　实验设备

（1）全站仪 1 台、三脚架 1 支、对中杆 2 根，棱镜 1 副、小钢尺 1 把、木桩、钢钉若干；

（2）GPS RTK 仪器 1 套、三脚架 1 个、对中杆 2 根、小钢尺 1 把。

9.5.3　实验步骤

9.5.3.1　全站仪点位放样

（1）坐标输入　给定（设计）放样点坐标，并将其和已知控制点坐标输入全站仪。

（2）设置测站点　将全站仪安置于已知控制点，设置测站点、后视点信息，并进行后视检验。

（3）坐标点位放样　进入放样模块，调用或输入放样点点号和目标高，根据屏幕提示的要转动角度 dHR 值，旋转全站仪照准部直至 dHR 值变为 $0°00'00''$，即得到放样方向线；观测员指挥立镜员将棱镜立于方向线上，按测量键测量距离，观测员指挥立镜员前后移动棱镜，直至 dHR、dHD、dZ 均为 0 时，然后在立棱镜处做标记，即可得到放样的点位。

（4）放样质量检核　放样点位后，利用碎部测量的方法测出放样点的坐标，计算出放样的点位误差，检核点位放样的精度，以防错误。

9.5.3.2　GPS RTK 点位放样

GPS RTK 点位放样方法请参见 4.7 节内容，在此不再赘述。

9.5.4 实验要求

(1) 操作要求　每位同学至少完成 2 个点位的放样工作。

(2) 技术要求　在测设点的平面位置时，检核误差应小于 1cm。

9.5.5 注意事项

(1) 输入仪器的测设数据经校核无误后方可使用，测设完毕后还应进行检测；

(2) 量取仪器高和棱镜高应仔细认真，以防有误；

(3) 安置全站仪时，要进行后视点检测，坐标差和高程差均要求小于 0.05m；

(4) 后视点检测时，要注意不同型号仪器的操作方法，即"置零"或"设置"；

(5) GPS RTK 的注意事项参考 4.7 节　实时动态测量与放样。

9.6 悬高测量及投测点位

9.6.1 实验目的与要求

(1) 掌握全站仪悬高测量的原理和操作方法；

(2) 熟悉激光投点仪使用方法，掌握激光投点仪的操作步骤。

9.6.2 实验设备

(1) 全站仪 1 台，三脚架 1 支，对中杆 2 根，棱镜 2 个，小钢尺 1 把；

(2) 激光垂准仪 1 台，三脚架 1 支。

9.6.3 实验步骤

9.6.3.1 全站仪悬高测量

(1) 安置仪器　在实验区域内选取某一高大建筑物上目标点 P，选择附近视线开阔位置安置仪器，在目标点正下方（天底）架设棱镜；

(2) 有棱镜高测量　进入悬高测量模式，若有棱镜高，选择 F1 有目标高，输入目标高，照准棱镜中心测量，棱镜位置即被确定，上仰望远镜照准目标点 P，即得出 P 点距地面的高度。

(3) 无棱镜高测量　进入悬高测量模式，选择 F2 无目标高，根据提示先照准棱镜中心测量，再照准地面点测量，上仰望远镜照准目标点 P，即得出 P 点距地面的高度。

9.6.3.2 激光垂准仪传递点位

(1) 安置仪器　选取有外挑厦檐的高大建筑物，在底层安置激光垂准仪，严格整平后，启动激光器；

(2) 在楼板预留孔（或厦檐）上放置接收靶，靶上光斑位置即为投测点位。

9.6.4 实验要求

(1) 每位同学分别采用有棱镜高和无棱镜高的方法，完成 1 次全站仪悬高测量；

（2）每位同学要掌握激光投点仪的基本操作步骤，至少操作 3 次。

9.6.5 注意事项

（1）悬高测量时，必须将反射棱镜安置于被测目标点的天底，否则测出的结果将是不正确的；

（2）瞄准目标一定要精确，可以先投点再进行悬高测量；

（3）要正确量取和输入棱镜高，以防错误。

9.7 断面测量

9.7.1 实验目的

（1）熟悉道路纵横断面测量的技术要求；

（2）掌握利用水准仪和全站仪进行道路纵横断面测量的方法；

（3）掌握纵断面图的绘制方法；

（4）掌握里程桩（整桩、加桩）的设置方法及含义。

9.7.2 仪器设备

（1）DS_3 水准仪 1 台，三脚架 1 个，水准尺 1 副，皮尺 1 把，方向架 1 个，外业记录表若干；

（2）全站仪 1 台，三脚架 1 个，对中杆 2 根，小钢尺 1 把，计算机 1 台，CASS 7.0 成图软件 1 套。

9.7.3 实验步骤

9.7.3.1 纵断面测量与纵断面图绘制

（1）水准仪法

① 路线布设　选择长约 500m 的一段路线，路线两端需有已知高程点 BM_1、BM_2。若无，则采用四等水准测量方法布设，或测量时采用闭合水准路线。每隔 20m 或 30m 设置一个里程桩（整桩），变坡点需增设加桩，并用红漆做标记，写上桩号。

② 中桩测量　从已知高程点 BM_1（或假定点）开始，采用普通水准测量方法，依次测量各里程桩的高程，最后附合到另一已知高程点 BM_2 或闭合到起始点 BM_1。

（2）全站仪法

① 转点设置　在已知水准点 BM_1 安置全站仪，设置测站和后视点，按三角高程测量的方法测定各转点的高程，如 TP_1、TP_2、…，并进行检核；

② 中桩测量　在各转点上安置全站仪，依次测定各桩点的高程。同样要从 BM_1 测至 BM_2 上，计算高差闭合差，以便检核。

（3）纵断面图绘制　路线纵断面图是表示线路中线方向上地面高低起伏形状和纵坡变化的剖视图，是根据中桩测量成果绘制而成的。为了明显表示地势变化，图的高程（纵向）比例尺通常比里程（横向）比例尺大 10～20 倍，如横向比例尺为 1：2000，则纵向比例尺应为 1：200～1：100。

纵断面图过去一般绘在毫米方格纸上，先根据里程桩号和高程依比例尺展点，然后用折线依次连接各点，即得纵断面图，而现在通常采用计算机绘图。利用 CASS 7.0 根据已知坐标绘制纵断面图的方法如下。

① 展点 点击 CASS 7.0 主菜单"绘图处理"下的"展野外测点点号"菜单，将里程桩的已知坐标点展在屏幕上。

② 连接断面线 用复合线或"一般房屋"绘图功能，从起始桩点开始依次连接各点形成中心线。

③ 选择断面线 利用"工程应用"下的"绘断面图→根据已知坐标"菜单，在命令行显示"选择断面线"提示，点击已绘制的断面线。

④ 确定里程间隔 在显示的"断面线上取值"对话窗上操作，浏览打开坐标数据文件名，输入采样点间隔大小，点击确定。

⑤ 输入比例尺 在显示的"绘制断面图"对话窗上操作，输入横向、纵向比例尺后，点击"断面图位置"的浏览命令，在屏幕的适当位置点击鼠标左键，自动拾取断面图位置的坐标；然后再选择平面图、绘制标尺、距离标注、高程标注位数、里程标注位数等，点击"确定"即可在指定的位置绘出纵断面图。

⑥ 修饰断面图 为了打印纵断面图，需对彩色的纵断面图更改为白色。

⑦ 打印断面图 利用"文件"下的"绘图输出"功能打印出纵断面图。

另外，CASS 7.0 系统还具有"根据里程文件"、"根据等高线"、"根据三角网"绘图纵断面图的方法，但大同小异，不再详述，请参考 CASS 7.0 使用手册。

9.7.3.2 横断面测量与横断面图绘制

（1）横断面测量

① 横断面方向 在直线上横断面应与路线中心线方向相垂直；当中桩位于曲线上时，横断面方向应为该曲线的圆心方向，在实际工作中，多采用弯道求心方向架。

② 测量方法 横断面测量是测定路线两侧变坡点相对里程桩的平距与高差，对于坡度恒定路段，只需测量坡顶及坡底两处高程。测量时，用水准仪测量变坡点的高程，用皮尺量取变坡点相对里程桩的水平距离，并做好记录。横断面测量也可利用全站仪、GPS RTK 直接测出变坡点的坐标和高程。

（2）横断面图绘制 横断面图绘制一般绘在毫米方格纸上。在绘图前，先在图上标出中桩位置，注明桩号，一幅图上可绘制多个断面，一般是从左到右，由上到下依次绘制。

利用 CASS 7.0 绘制横断面图的方法与绘制纵断面图相同。

9.7.4 实验要求

（1）操作要求 掌握纵横断面测量方法和基本操作步骤，每人至少操作 1 次，做到准确读数。学会利用毫米方格纸手工绘制纵横断面图，掌握 CASS 7.0 软件机助制图方法。

（2）技术要求 高差闭合差 $f_{h容} \leqslant \pm 12\sqrt{n}$ mm 或 $f_{h容} \leqslant \pm 40\sqrt{L}$ mm；三角高程测量执行全站仪电磁波三角高程测量（四等）规范。

9.7.5 注意事项

（1）纵横断面测量应在四等水准控制的基础上进行；

（2）间视读数可读取至 cm，但前、后视读数应读取到 mm；

（3）测量完毕后应及时进行计算，以检查各项限差是否符合要求；

（4）横断面图的纵比和横比一般要求一致，以便计算填（挖）面积；

（5）利用全站仪或 GPS RTK 测量数据机助绘断面图时，若要求严格，应对坐标数据进行修正，使测点位置与设置的里程桩号一致；

（6）不要忘记点击"断面图位置"的命令，否则断面图在坐标原点绘出。

9.7.6 实验表格

利用水准仪法测量纵断面的记录计算表如表 9-3 所示，其他表格不再列出。

表 9-3　纵断面测量记录计算表

里程桩号	后视/m	视线高/m	间视/m	前视/m	高程/m	备注

9.8 土方量计算

9.8.1 实验目的

（1）掌握工程土方量计算的基本原理和方法；

（2）掌握利用 CASS 7.0 软件计算工程土方量的基本操作步骤。

9.8.2 实验设备

计算机 1 台，CASS 7.0 软件 1 套。

9.8.3 实验步骤

根据测量数据计算土方量有多种方法。本实验主要采用 DTM 法、方格网法和区域土方平衡法。

9.8.3.1 DTM 法

（1）根据坐标计算

① 加载野外高程数据文件，用闭合复合线画出所要计算土方的区域；

② 选择"工程应用"菜单下的"DTM 法土方计算"子菜单中的"根据坐标文件"，命

令行显示"选择计算区域边界线",点击区域边界线,根据提示打开坐标文件;

③ 接着对话窗显示区域面积,根据提示输入设计平场高程和边界采样点间隔,点击"确定"即可算出填挖土方量;

④ 根据命令行提示,用鼠标左键指定计算表格左下角的显示位置,显示表格。

(2)根据图上高程点计算

① 展绘高程点,用闭合复合线画出所要计算土方的区域;

② 选择"工程应用"菜单下"DTM法土方计算"子菜单中的"根据图上高程点计算",命令行显示"选择计算区域边界线",点击区域边界线;

③ 根据提示,输入设计平场高程和边界采样点间隔,点击"确定"即可算出填挖土方量。

④ 根据命令行提示,用鼠标左键指定计算表格左下角的显示位置,显示表格。

(3)根据图上的三角网计算

① 展绘高程点,生成三角网,进行必要的删除和添加,使结果符合实际地形;

② 点击"工程应用"菜单下"DTM法土方计算"子菜单中的"根据图上三角网计算",根据提示输入"平场标高"即设计平面的高程,然后框选目标区域所有的三角形,按回车键即得填挖土方量。

9.8.3.2　方格网法

(1)展绘高程点,用闭合复合线画出所要计算土方的区域;

(2)点取"工程应用"菜单下的"方格网法土方计算",根据提示点击土方计算的边界线,接着显示对话窗;

(3)打开所需坐标文件,输入方格宽度值,根据实际情况选择平面或斜面并输入设计高程值,点击"确定"即得填挖土方量。

9.8.3.3　区域土方平衡法

(1)展绘高程点,用闭合复合线画出所要计算土方的区域;

(2)点击"工程应用"下的"区域土方平衡→坐标数据文件(根据图上高程点)",根据命令提示选择边界线;

(3)根据命令提示打开数据文件,输入边界插值间隔,即得土方平衡高度和填挖土方量;

(4)利用方格网法计算时,绘制的方格网直接覆盖在原图上,可另存原图文件,以便再打开使用。

9.8.4　实验要求

(1)操作要求　每人要独立利用上述三种方法完成土方量计算;

(2)优化分析　改变边界插值间隔或方格宽度值,比较土方量计算结果的差异。

9.8.5　注意事项

(1)复合线一定要闭合,且不要拟合;

(2)计算一定要认真仔细,可改变参数多次计算,反复比较后确定最合理值;

(3)边界插值间隔和方格宽度值影响计算的准确度,要合理选择;

（4）土方计算的准确度与测点的密度有关，野外测量时要合理增加测点数量。

9.9 道路圆曲线放样

9.9.1 实验要求

（1）掌握圆曲线放样数据的计算方法；

（2）熟悉圆曲线放样的基本操作程序。

9.9.2 实验设备

全站仪1台，小钢尺1把，棱镜2个，三角架1个，对中杆2根，测钎10支，记录板1块，钢钉1盒，锤头一把。

9.9.3 实验步骤

（1）圆曲线放样数据计算

① 曲线元素的计算　根据设计的圆曲线转折角 α 和圆曲线半径 R，计算切线长 T，曲线长 L，外矢距 E 和切曲差 D。

$$T = R \cdot \tan \frac{\alpha}{2} \tag{9-1}$$

$$L = R \cdot \frac{\pi}{180} \cdot \alpha \tag{9-2}$$

$$E = R \left(\sec \frac{\alpha}{2} - 1 \right) \tag{9-3}$$

$$D = 2T - L \tag{9-4}$$

② 主点里程计算

$$\text{ZY 里程} = \text{JD 里程} - T \tag{9-5}$$

$$\text{QZ 里程} = \text{ZY 里程} + L/2 \tag{9-6}$$

$$\text{YZ 里程} = \text{ZY 里程} + L \tag{9-7}$$

③ 偏角法细部点放样数据计算　设第 i 个细部点偏角为 δ_i，弧长为 l_i，弦长为 c_i，则

$$\delta_i = \frac{l_i}{2R} \cdot \frac{180°}{\pi} \tag{9-8}$$

$$c_i = 2R \sin \delta_i \tag{9-9}$$

④ 切线支距法细部点放样数据计算　以 ZY 为原点、切线方向为 x 轴建立坐标系，设第 i 个细部点坐标为（x_i, y_i），则计算公式如下：

$$x_i = R \sin \alpha_i \tag{9-10}$$

$$y_i = R (1 - \cos \alpha_i) \tag{9-11}$$

$$\alpha_i = \frac{180°}{\pi} \cdot \frac{l_i}{R} \tag{9-12}$$

根据式（9-1）～式（9-12）计算圆曲线的放样数据，结果见表9-4。

表 9-4 单圆曲线计算表

<table>
<tr><td rowspan="2">已知参数</td><td colspan="3">转　角:α＝60°00′</td><td colspan="3">设计半径:R＝80m</td></tr>
<tr><td colspan="3">交点里程:JD_{里程}＝K35＋500</td><td colspan="3">整桩间距:l_o＝10m</td></tr>
<tr><td rowspan="2">特征参数</td><td colspan="3">切　线　长:T＝46.188m</td><td colspan="3">弧　长:L＝83.776m</td></tr>
<tr><td colspan="3">外　矢　距:E＝12.376m</td><td colspan="3">切　曲　差:D＝8.600m</td></tr>
<tr><td rowspan="2">主点里程</td><td colspan="3">ZY 点里程:K35＋453.812</td><td colspan="3">YZ 点里程:K35＋537.588</td></tr>
<tr><td colspan="3">QZ 点里程:K35＋495.700</td><td colspan="3"></td></tr>
<tr><td rowspan="4">名点</td><td colspan="2">详细测设参数</td><td colspan="2">切线支距法</td><td colspan="2">偏角法</td></tr>
<tr><td rowspan="3">桩号里程
/(km＋m)</td><td rowspan="3">累积
弧长
/m</td><td colspan="2">原点:ZY</td><td colspan="2">测站:ZY</td></tr>
<tr><td colspan="2">X 轴:ZY—JD</td><td colspan="2">起始方向:ZY—JD</td></tr>
<tr><td>X/m</td><td>Y/m</td><td>累计偏角 δ_i</td><td>起点距 c</td></tr>
<tr><td>ZY</td><td>K35＋453.812</td><td>0</td><td>0.000</td><td>0.000</td><td>° ′ ″</td><td>m</td></tr>
<tr><td>1</td><td>K35＋454.000</td><td>0.188</td><td>0.188</td><td>0.000</td><td>0 04 02</td><td>0.188</td></tr>
<tr><td>2</td><td>K35＋464.000</td><td>10.188</td><td>10.160</td><td>0.648</td><td>3 38 54</td><td>10.181</td></tr>
<tr><td>3</td><td>K35＋474.000</td><td>20.188</td><td>19.974</td><td>2.534</td><td>7 13 45</td><td>20.134</td></tr>
<tr><td>4</td><td>K35＋484.000</td><td>30.188</td><td>29.477</td><td>5.628</td><td>10 48 37</td><td>30.009</td></tr>
<tr><td>5</td><td>K35＋494.000</td><td>40.188</td><td>38.519</td><td>9.884</td><td>14 23 29</td><td>39.767</td></tr>
<tr><td>6</td><td>K35＋504.000</td><td>50.188</td><td>46.960</td><td>15.233</td><td>17 58 20</td><td>49.369</td></tr>
<tr><td>7</td><td>K35＋514.000</td><td>60.188</td><td>54.669</td><td>21.593</td><td>21 33 12</td><td>58.778</td></tr>
<tr><td>8</td><td>K35＋524.000</td><td>70.188</td><td>61.524</td><td>28.865</td><td>25 08 03</td><td>67.958</td></tr>
<tr><td>9</td><td>K35＋534.000</td><td>80.188</td><td>67.419</td><td>36.934</td><td>28 42 55</td><td>76.873</td></tr>
<tr><td>YZ</td><td>K35＋537.588</td><td>83.776</td><td>69.282</td><td>40.000</td><td>30 00 00</td><td>80.000</td></tr>
</table>

若假定圆曲线 ZY 点坐标为（500,500），ZY—JD 为 X 轴，根据式（9-10）～式（9-12）计算圆曲线细部点坐标放样数据，结果见表 9-5。

表 9-5　单圆曲线细部点坐标

点名	桩里程	X	Y
ZY	K35+453.812	500.000	500.000
1	K35+454.000	500.188	500.000
2	K35+464.000	510.160	500.648
3	K35+474.000	519.974	502.534
4	K35+484.000	529.477	505.628
5	K35+494.000	538.519	5099.884
6	K35+504.000	546.960	515.233
7	K35+514.000	554.669	521.593
8	K35+524.000	561.524	528.865
9	K35+534.000	567.419	536.934
YZ	K35+537.588	569.282	540.000

（2）主点放样

① 在地面转折点 JD 处安置全站仪，照准已知方向，放出已计算的切线长度，并埋钉标记，作为圆曲线起点 ZY；

② 后视已知方向，用盘右瞄准 ZY 点，水平度盘置零，倒转望远镜，再顺时针转动照准部放样出 α 的角度，得另一切线方向；在该方向放样出另一切线长度，并埋钉标记，即得圆曲线终点 YZ；

③ 以同样方法放样 $90°+\alpha/2$ 的角度，定出圆曲线中点的方向，在该方向放样外矢距 E 长度，定出中点位置。

（3）偏角法细部点放样

① 在圆曲线起点 ZY 安置全站仪，以转折点 JD 为后视方向，水平度盘置零，转动照准部至水平度盘读数为 δ_1，并放样距离 c_1，得第一个细部点，并插测钎标记；

② 同样的方法，再根据 δ_i 和 c_i 放样出其他细部点。

（4）切线支距法细部点放样

① 以 ZY 点（500,500）为测站，JD 点（546.188,550）为后视点，细部点坐标（x_i,y_i）为待放样点，将坐标输入全站仪，并严格检查，确保无误；

② 在圆曲线起点 ZY 安置全站仪，后视转折点 JD 或以北方向进行定向，依据点位放样程序，依次放样圆曲线细部各点，具体操作方法参见 9.5.3.1 内容。

9.9.4　实验要求

（1）操作要求　首先熟悉全站仪的基本部件、功能和操作方法。每位同学要掌握全站仪放样圆曲线的基本操作步骤，至少操作 1 次。

（2）技术要求　放样主点点位与采用偏角法放样的主点点位重合误差，在实地不得超过 3cm。

9.9.5 注意事项

（1）圆曲线放样元素的计算应复核，做到准确无误。

（2）放样时先放样出主点的位置，再放样细部点的位置。

（3）若全曲线较长，切线支距法宜以 QZ 为界，将曲线分两部分进行测设。

（4）在铁路、公路等线路工程中，曲线段还包括缓和曲线。不论直线、圆曲线、缓和曲线和竖曲线，设计时均给出了里程桩的坐标和高程，按点位放样方法放样即可。

9.9.6 实验表格（见表 9-6 和表 9-7）

表 9-6　曲线测设记录计算手簿（偏角法）

路线名称：＿＿＿＿＿　测设日期：＿＿＿＿＿　计算：＿＿＿＿＿

路线等级：＿＿＿＿＿　观　　测：＿＿＿＿＿　校核：＿＿＿＿＿

点号	桩号	弧长/m	弦长/m	偏角/(° ′ ″)	累计偏角/(° ′ ″)	备注

表 9-7　曲线测设记录计算手簿（切线支距法）

点号	桩号	弧长/m	细部点坐标/m		备注
			x	y	

9.10 综合实习

为了提高教学质量，加强理论与实践相结合，根据教学计划的要求，工程测量课程进行为期 1 周的综合性教学实习，具体安排如下。

9.10.1 实习目的

（1）巩固基础理论知识　通过综合性的教学实习，使学生巩固工程测量学基本概念、原理和方法，增强对书本知识的理解；

（2）提高仪器操作技能　较为熟练地掌握水准仪、经纬仪、全站仪和 GPS 仪器的基本操作，提高施工放样的操作技能；

（3）掌握放样的工作程序　能够根据测区情况和工程要求，初步掌握带状地形图数字测绘、土方量估算和施工放样的工作程序；

（4）提高综合素质和创新精神　通过实习，增强集体主义观念和劳动观念，培养实事求是、一丝不苟、吃苦耐劳的工作作风，提高发现问题、分析问题和解决问题的能力。

9.10.2　实习内容及时间分配

实习内容及时间分配见表 9-8 所示。

表 9-8　实习内容及时间分配

序号	实习内容	实习地点	时间分配/天
1	模拟道路拓宽	校内实习基地	1
2	建筑方格网布设	校内实习基地	1
3	模拟矿井联系测量,参观水利枢纽	校外实习基地	2
4	河道纵横断面测量	校外实习基地	1
5	绘制纵横断面图,编写实习报告	教室	1

9.10.3　组织领导

（1）每 5 人一组，指定组长 1 名，配备指导教师 2 名，实行组长负责制，组长负责本组的各项实习和安全工作，组员要支持组长的工作，服从组长的安排。

（2）在指导教师的领导下，以小组为单位，在确保安全的前提下开展各项实习活动。

（3）实习期间，学生要遵守实习纪律，按时到达指定实习地点，做到不迟到、不早退，有事需向指导教师请假。

9.10.4　成果资料

各项外业记录和内页计算数据，手绘纵断面图，实习报告，各项电子成果。

9.10.5　实习要求

9.10.5.1　模拟道路拓宽

（1）实习内容　线路中线测设，道路横断面测量，圆曲线测设，道路任意边桩已知点的中桩放样。

（2）实习设备

① 每组借用　全站仪 1 台，棱镜 2 个，对中杆 2 根，三脚架 1 支，记录板 1 块，钢尺 1 把，反光衣 1 件/人；

② 每人自备　实验记录纸，油性笔，粉笔，小刀，计算器，特征点坐标计算资料。

（3）实习要求

① 校内局部坐标系下的线路中线参数，如图 9-1 所示。

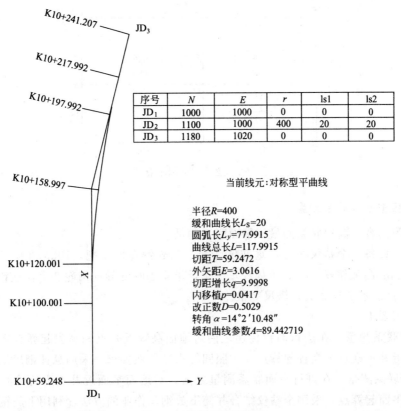

图 9-1 线路中线参数图

② 建立一个由三个控制点组成的闭合导线，作为线路中线放样的控制网；

③ 在 K10+100.001 到 K10+158.997 里程范围内，放样间距为 5m，按整桩号计算中桩点，其中包括 K10+100.001、K10+158.997 两个端点；

④ 精确定出 K10+120.001 处线路横断面方向，采集该断面上左右两侧 15m 范围内路面高程变化点的三维坐标，并利用 CASS 7.0 软件绘制横断面图；

⑤ 已知某点坐标为 (1088.6155，998.3261)，放出该点的中桩位置，并检查该两点的实际距离与理论距离。

9.10.5.2 建筑方格网布设

(1) 实习内容　建筑主轴线测设，加密方格网。

(2) 实习设备

① 每组借用　全站仪 1 台，棱镜 2 个，对中杆 2 根，三脚架 3 支，记录板 1 块，反光衣 1 件/人；

② 每人自备　实验记录纸，粉笔，小刀，计算器。

(3) 实习要求

① 在校园内选合适场地，建立如图 9-2 所示建筑方格网，以 AB、CD 作为主轴线；

② 坐标转换，利用 CASS 7.0 软件将施工坐标转换为测量坐标；

③ 先进行主轴线 AB、CD 放样，再加密点 E、F、G、H 构成田字形格网，最后加密其余 16 个点。

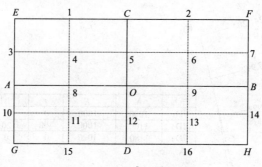

图 9-2　建筑方格网示意图

9.10.5.3　模拟矿井联系测量

（1）实习内容　高程联系测量，平面联系测量。

（2）实习设备　全站仪 2 套，垂准仪 2 套，50m 钢卷尺 1 把，10kg 重锤 2 个，碳素弹簧钢，ϕ0.5mm 高强钢丝 60m，手摇绞车 2 个，承重 100kg 导向滑轮 2 个，挂钩 2 个，钢丝卡子 20 个，DS_3 水准仪 2 套，塔尺 2 根。

（3）实习要求

① 高程联系测量　在进行高程传递之前对地面高程近井点和高程起算点之间的高差进行验证。以近井水准点为高程起算点，按照四等水准作业要求、采用悬挂钢尺法进行测量。

② 平面联系测量　在进行平面联系测量之前，对地面平面近井点进行检测。以平面两个近井点为平面起算点，采用全站仪结合井筒下放钢丝作业的方法，利用下放钢丝（或垂准仪）进行投点，按精密导线的作业要求，将地面两近井点与两垂球线点构成支导线进行测量，将井下近井点与井下两传递点构成导线进行测量。

9.10.5.4　河道纵横断面测量

（1）实习内容　河道纵断面、横断面测绘。

（2）实习设备　DS_3 水准仪 1 台，三脚架 1 支，水准尺 1 副，方向架 1 个，反光衣 1 件/人，记录手簿 1 本，记录板 1 块。

（3）实习要求　沿河道布设四等水准控制，在此基础上采用等外水准方法施测，高差闭合差限差 $f_{容} \leqslant \pm 12\sqrt{n}$ mm，n 为测站数。

9.11 课程设计

9.11.1　课程设计的目的

（1）通过综合性的课程设计，巩固和丰富课堂所学的基础理论知识，提高实际应用能力，培养学生分析问题和解决问题的能力；

（2）加深对工程测量技术和方法的理解，综合应用所学知识，提高实践创新能力；

（3）培养学生克服困难、实事求是、治学严谨的工作作风。

9.11.2　课程设计要求

（1）选题参考

① 工程测量计算程序设计与开发；

② 工程项目技术设计与优化；

③ 建筑物变形观测方案设计；

④ 地面地下联系测量方案设计。

（2）实施要求

① 领会设计任务，理清设计思路，广泛查阅相关资料；

② 说明工程概况、技术设计的依据；

③ 制订设计方案，明确工作计划；

④ 按计划逐步完成，确保数据准确、分析合理、结果可靠；

⑤ 课程设计在课余时间进行，整个设计应在本学期内完成；

⑥ 设计中遇到问题要及时联系指导教师，以保证顺利完成任务；

⑦ 设计书格式规范，语言精练，条理清晰。

课程设计的其他基本要求参见 1.3.3 的内容，在此不再赘述。

第❿章 遥感图像解译课程实训

遥感图像解译是遥感科学与技术专业的一门专业课，要求了解遥感图像解译的基本概念、原理和方法，熟练使用遥感图像处理的相关软件，掌握利用图像处理、模式识别、视觉心理学、地学分析、形象思维和空间推理、图像模拟、数据反演等定性和定量分析方法，实现对遥感图像的信息传递和解释，从而增强分析和解决问题的能力。

10.1 课程实训教学目标

本课程通过实验与综合实习达到如下目标。

（1）巩固基础理论知识　通过课程实验教学，熟悉遥感图像解译的方法，通过实训加深对基础理论和知识的理解。

（2）提高软件操作技能　较为熟练地掌握 ENVI、ERDAS 等相关的遥感图像处理软件。

（3）掌握遥感图像处理的工作程序　培养遥感图像处理的重要思维方式和研究思路，培养学生对地学分析、形象思维和空间推理、图像模拟、数据反演等的基本能力。

（4）提高综合素质和创新精神　培养实事求是、严谨认真的工作作风；学会发现问题和解决问题，提高创新能力。

10.2 课程实验内容及学时分配

本课程安排实验 6 个，共计 24 学时，具体实验内容及学时分配见表 10-1。

表 10-1　实验内容及学时分配

序号	实验内容	学时	序号	实验内容	学时
1	数据获取与解译对象的划分	2	4	遥感影像变化监测	2
2	建立解译标志库及光谱统计	2	5	植被覆盖度计算	2
3	监督分类及分类后处理	4	6	决策树分类类法	2

10.3 数据获取与解译对象的划分

10.3.1 实验目的

（1）掌握搜集遥感影像数据及非遥感数据的方法；

（2）了解典型遥感影像的波段设置及每个波段的特性；

（3）掌握单波段图像与多波段图像中的地物划分及其时相特性；

（4）熟悉遥感图像处理软件 ENVI。

10.3.2 仪器与资料

计算机1台，TM 影像或 ETM＋影像数据，地形图等解译辅助图，遥感图像处理软件 ENVI，ERDAS。

10.3.3 实验步骤

（1）到地理空间数据云网站 http：//datamirror.csdb.cn 下载需要的 TM 遥感影像数据，以泰安市为例，轨道号为行号 122 列号 35。

（2）在 ENVI 软件中打开下载的数据，了解 TM 影像数据中不同地物在各波段的特性体现。用 ENVI 软件"file"工具里的"open image file"导入 TM 图像的第 1，2，3，4，5，7 波段的图像。

（3）用工具"basic tools"里面的"layer stacking"把 6 个波段的图像（1、2、3、4、5、7）进行合成。

（4）根据研究区的地理概况，将地物划分为林地、耕地、水体和城镇，并分析解译对象的性质特征。

10.3.4 实验要求

（1）下载至少两种遥感数据（不同空间分辨率，以便做出对比分析），选定的遥感数据要至少是两个时相（下载不同月份，找出地物的时间变化特征，做出对比分析），读懂下载数据的成像性质，如成像时间、行列号等基本属性。

（2）了解不同遥感影像的波段设置，掌握每个波段的特性，即不同地物在不同波段的特性体现，为后续遥感解译做准备。例如 TM 数据，把 7 个波段的特性及其针对的地物分别做出说明。

（3）根据研究区的地理概况及研究目的，划分地物种类（按照解译对象的专业特性，地理基础信息的划分）。

10.3.5 注意事项

（1）获得实验研究区准确的轨道号，为体现影像的时相特征，需要根据实验要求选择适当的时间间隔。

（2）注意区分 Landsat 5 数据和 Landsat 8 数据波段设置，及两种数据的不同波段性质。

10.4 建立解译标志库及光谱统计

10.4.1 实验目的

（1）学习如何根据分类体系建立遥感图像解译标志库；

（2）掌握统计不同地物光谱特征的方法，并绘制光谱特征曲线。

10.4.2 实验设备

计算机1台，TM 影像或 ETM＋影像数据，地形图等解译辅助图，遥感图像处理软件

ENVI。

10.4.3 实验步骤

（1）裁剪研究区 打开已合成的影像，利用"basic tools"里的"Region Of Interest"，选择"ROI tool"。窗口的选择选"Image"。然后在"Image"窗口里圈出感兴趣区域并保存。利用"basic tools"里的"subset data via ROIs"进行裁剪。

（2）根据经验建立研究区内最终的分类体系，并建立研究区的解译标志库，确定各种类别解译的性质特征。

（3）依据步骤（2）确定的解译标志库，选择训练区。

（4）根据步骤（3）确定的各类地物的训练区，统计各种地物的波谱特征值，并根据各种地物的特性绘制光谱特征曲线。

10.4.4 实验要求

（1）将10.3.3中所下载的遥感影像数据裁剪出研究区范围。

（2）建立研究区内最终的分类体系，依据此分类体系建立起研究区的解译标志库。

（3）依据解译标志库，选择训练区，统计各个地物的波谱特征值，绘制光谱特征曲线。

10.4.5 注意事项

（1）实验中裁剪研究区时所用矢量数据的投影坐标系统需与遥感影像的投影坐标系统相同，建立的分类体系需符合相关的分类规程。

（2）注意区分植被、水体及土壤在近红外波段的特性。

10.5 监督分类及分类后处理

10.5.1 实验目的

（1）通过实验，理解监督分类的原理，即用于数据集中根据用户定义的训练样本类别聚集像元。

（2）了解监督分类的方法，常用的包括平行六面体法、最小距离法、马氏距离法、最大似然法、波谱角法（SAM）等。

（3）掌握遥感图像处理软件ENVI进行监督分类的步骤及分类后的处理操作。

10.5.2 实验设备

计算机1台，TM影像或ETM+影像数据，地形图等解译辅助图，遥感图像处理软件ENVI。

10.5.3 实验步骤

（1）本次实验以最大似然法为例打开10.4节裁剪的研究区，选择感兴趣区域。打开需要分类的图像，在窗口菜单栏中选择 Tools＞Region of Interest＞ROI Tools 打开 ROI Tool

对话框，在菜单 ROI_Type＞Polygon，在活动图像窗口中点击鼠标左键构建整个感兴趣区域轮廓。

（2）进行监督分类选择 Classification＞Supervised＞MaximumLikelihood，出现 Classification Input File 对话框，选择输入文件，出现 MaximumLikelihood Parameters 对话框，设置好相关参数，点击 OK，输出分类结果

（3）分类后处理分类后处理包括分类统计、聚合和过筛处理。分类统计：选择 Classification＞Post Classification＞Class Statistics，进行统计处理。选择分类后的影像，点击 OK，输出统计结果。聚合和过筛处理：进行过筛处理，选择 Classification＞Post Classification＞Sieve Classes，选择分类影像，输入到内存或文件，点击 OK，输出过筛图像。选择 Classification＞Post Classification＞Clump Classes，选择先前生成的过筛处理后的影像，点击 OK，输出聚合图像。

10.5.4 实验要求

（1）利用 10.4 节裁剪的研究区影像作为实验数据；感兴趣区域的选择，需遵循均匀分布、同种地物不同地域都需考虑，使得所选的感兴趣区域具有代表性。

（2）将监督分类的结果做分类后处理。其中，过筛的结果作为聚合的输入图像，进行处理。

（3）依据分类后处理的图像，进行精度评价。

10.5.5 注意事项

（1）监督分类中，最大似然参数设置要与分类总数相适应，避免参数过大或过小。
（2）分类后处理操作中，需先进行过筛，筛选出分散像元，然后进行聚合处理。

10.6 遥感影像变化监测

10.6.1 实验目的

掌握利用分类后比较法监测影像变化的变化监测方法，实现多时相遥感影像的变化分析，进一步熟悉遥感图像处理软件 ENVI、ERDAS。

10.6.2 实验设备

计算机 1 台，不同时相同地区的 TM 或 ETM＋遥感影像数据，遥感影像处理软件 ENVI。

10.6.3 实验步骤

（1）选择变化监测的多时相遥感影像。以 10.3 节实验中的遥感影像作为基础时间影像，再选择一幅不同时相、同一地区的遥感影像，为寻找两幅影像的变化区域做好准备。

（2）确定两幅影像的研究区。打开 10.4 节实验中裁剪的研究区，以 10.4 节实验中相同的方法裁剪另一幅遥感影像。

（3）对裁剪后的研究区进行分类（此处可采用监督分类方法，并进行分类后处理），将地物划分为绿地、建筑用地、水体和荒地。

（4）将两幅影像分类后的地物进行编码，绿地像元的编码为 6，城市用地像元的编码为 8，水体像元的编码为 9，荒地像元的编码为 13。

（5）将两幅编码后的结果进行相减。相减后像元值为 0 的区域，代表没有发生变化；绿地变为城市用地的像元值为 -2；绿地变为水体的像元值为 -3；绿地变为荒地的像元值为 -7，以此类推，找出整个研究区的变化区域，完成变化监测。

10.6.4　实验要求

（1）选择两幅不同时相的遥感数据。注意，两幅遥感影像的时间间隔要适当，以便寻求两幅影像的变化区域。

（2）裁剪好的两幅研究区影像要具有相同的投影坐标信息及像元参数，即投影坐标信息相同，像元个数相同。

（3）分类的编码要保证不同地物相减的值不同，因此可以采用不同的编码数值。

（4）实验结果为研究区的变化影像，变化监测的结果图像也需要进行后处理。

10.6.5　注意事项

（1）进行变化监测的两幅影像，分类种类相同，分类后的类别代码也需相同。

（2）两幅影像相减时，像元值会出现负值，需将像元灰度直方图整体平移至正值区间。

10.7　植被覆盖度计算

10.7.1　实验目的

通过本次实验，掌握像元二分模型的原理。学会利用像元二分模型计算研究区的植被覆盖度。进一步熟悉遥感图像处理软件 ENVI、ERDAS。

10.7.2　实验设备

计算机 1 台，TM 影像或 ETM+影像数据，地形图等解译辅助图，遥感图像处理软件 ENVI，ERDAS。

10.7.3　实验步骤

（1）获取研究区　采用 10.4 节实验中裁剪的研究区。

（2）计算 NDVI　利用 ENVI 主菜单中的 Basic Tools→Band Math 功能，在出现的对话框中输入 NDVI 的计算公式，即

$$NDVI = (float(b4)\text{-}float(b3))/(float(b4) + float(b3))$$

（3）去除水体的影响　由于水体的 NDVI 为负值，会导致后面计算植被覆盖度时出现负值，因此为消除此影响，将水体的 NDVI 赋值为 -1，即将水体归为背景，然后在统计时将背景与水体都去除。

（4）NDVIsoil 和 NDVIveg 的取值　对去除水体影响后的影像进行统计，利用 ENVI 主菜单中的 Basic Tools→Statistics→Compute Statistics 功能，将统计结果导入 Excel 表格中，对表格中 *DN* 值为 −1 和 0 的像元删除，并将 DN 值按从小到大排序。由经验值可知，ND-VIsoil 和 NDVIveg 的置信区间分别为 0.05％ 和 99.5％，在表格中选取与这两个百分比相接近的数，其对应的 DN 值分别作为 NDVIsoil 和 NDVIveg。确定 NDVIsoil 和 NDVIveg 实例如表 10-2 所示。

表 10-2　NDVI 计算值

Histogram	DN	Npts	Total	Percent	Acc Pct	
Band 1	−0.034483	27640	0	0.004187	0.004187	soil
Bin=0.00656	−0.027915	60843	27640	0.009217	0.013404	
	−0.021346	59207	88483	0.008969	0.022373	
	−0.014778	51920	147690	0.007865	0.030238	
	−0.00821	31705	199610	0.004803	0.035041	
	−0.001642	76613	231315	0.011606	0.046647	
	0.004926	73424	307928	0.011123	0.057769	
	0.011494	82699	381352	0.012528	0.070297	
	0.018062	85060	464051	0.012885	0.083183	
	0.024631	89717	549111	0.013591	0.096773	
	0.031199	106118	638828	0.016075	0.112849	
	0.037767	110198	744946	0.016693	0.129542	
	0.044335	118898	855144	0.018011	0.147554	
	0.050903	120228	974042	0.018213	0.165767	
	0.057471	128205	1094270	0.019421	0.185188	
	0.064039	129312	1222475	0.019589	0.204777	
	0.070608	136532	1351787	0.020683	0.225459	
	0.077176	121614	1488319	0.018423	0.243882	
	0.083744	131325	1609933	0.019894	0.263776	
	0.090312	140628	1741258	0.021303	0.285079	
	0.096880	143974	1881886	0.02181	0.306889	
	0.103448	141034	2025860	0.021365	0.328254	
	0.110016	143222	2166894	0.021696	0.349950	
	0.116585	151953	2310116	0.023019	0.372969	
	0.123153	149088	2462069	0.022585	0.395554	
	0.129721	152742	2611157	0.023138	0.418692	
	0.136289	193802	2763899	0.029358	0.448050	
	0.142857	138229	2957701	0.02094	0.468990	
	0.149425	154557	3095930	0.023413	0.492403	
	0.155993	156478	3250487	0.023704	0.516108	
	0.162562	159335	3406965	0.024137	0.540245	

Histogram	DN	Npts	Total	Percent	Acc Pct	
	0. 16913	164177	3566300	0. 024871	0. 565115	
	0. 175698	142493	3730477	0. 021586	0. 586701	
	0. 182266	166205	3872970	0. 025178	0. 611878	
	0. 188834	136190	4039175	0. 020631	0. 632509	
	0. 195402	131172	4175365	0. 019871	0. 652380	
	0. 20197	137974	4306537	0. 020901	0. 673281	
	0. 208539	141065	4444511	0. 021369	0. 694651	
	0. 215107	121483	4585576	0. 018403	0. 713054	
	0. 221675	112679	4707059	0. 017069	0. 730123	
	0. 228243	115467	4819738	0. 017492	0. 747614	
	0. 234811	111177	4935205	0. 016842	0. 764456	
	0. 241379	88823	5046382	0. 013455	0. 777912	
	0. 247947	97225	5135205	0. 014728	0. 792640	
	0. 254516	89389	5232430	0. 013541	0. 806181	
	0. 261084	84943	5321819	0. 012868	0. 819049	
	0. 267652	78191	5406762	0. 011845	0. 830894	
	0. 27422	71231	5484953	0. 010790	0. 841684	
	0. 280788	67221	5556184	0. 010183	0. 851867	
	0. 287356	62067	5623405	0. 009402	0. 861269	
	0. 293924	64191	5685472	0. 009724	0. 870993	
	0. 300493	56313	5749663	0. 008531	0. 879524	
	0. 307061	54240	5805976	0. 008217	0. 887741	
	0. 313629	54357	5860216	0. 008234	0. 895975	
	0. 320197	38961	5914573	0. 005902	0. 901877	
	0. 326765	68566	5953534	0. 010387	0. 912264	
	0. 333333	31013	6022100	0. 004698	0. 916962	
	0. 339901	31159	6053113	0. 004720	0. 921682	
	0. 34647	38629	6084272	0. 005852	0. 927534	
	0. 353038	31947	6122901	0. 004840	0. 932373	
	0. 359606	29977	6154848	0. 004541	0. 936914	
	0. 366174	29909	6184825	0. 004531	0. 941445	
	0. 372742	28860	6214734	0. 004372	0. 945817	
	0. 37931	25417	6243594	0. 003850	0. 949667	
	0. 385879	23221	6269011	0. 003518	0. 953185	
	0. 392447	23334	6292232	0. 003535	0. 956720	
	0. 399015	20368	6315566	0. 003085	0. 959805	
	0. 405583	19716	6335934	0. 002987	0. 962792	

续表

Histogram	DN	Npts	Total	Percent	Acc Pct	
	0.412151	17449	6355650	0.002643	0.965435	
	0.418719	17587	6373099	0.002664	0.968099	
	0.425287	16665	6390686	0.002525	0.970624	
	0.431856	14683	6407351	0.002224	0.972848	
	0.438424	13694	6422034	0.002074	0.974923	
	0.444992	13019	6435728	0.001972	0.976895	
	0.45156	13387	6448747	0.002028	0.978923	
	0.458128	12001	6462134	0.001818	0.980741	
	0.464696	11184	6474135	0.001694	0.982435	
	0.471264	10577	6485319	0.001602	0.984037	
	0.477833	10188	6495896	0.001543	0.985581	
	0.484401	8325	6506084	0.001261	0.986842	
	0.490969	10290	6514409	0.001559	0.988401	
	0.497537	8837	6524699	0.001339	0.989739	
	0.504105	6483	6533536	0.000982	0.990721	
	0.510673	8352	6540019	0.001265	0.991987	
	0.517241	6235	6548371	0.000945	0.992931	
	0.523810	7275	6554606	0.001102	0.994033	
	0.530378	5704	6561881	0.000864	0.994897	veg
	0.536946	5910	6567585	0.000895	0.995792	
	0.543514	5032	6573495	0.000762	0.996555	
	0.550082	4213	6578527	0.000638	0.997193	
	0.556650	4150	6582740	0.000629	0.997822	
	0.563218	3577	6586890	0.000542	0.998363	
	0.569787	2808	6590467	0.000425	0.998789	
	0.576355	2348	6593275	0.000356	0.999145	
	0.582923	1696	6595623	0.000257	0.999401	
	0.589491	1335	6597319	0.000202	0.999604	
	0.596059	938	6598654	0.000142	0.999746	
	0.602627	654	6599592	9.91E-05	0.999845	
	0.609195	448	6600246	6.79E-05	0.999913	
	0.615764	326	6600694	4.94E-05	0.999962	
	0.622332	146	6601020	2.21E-05	0.999984	
	0.628900	65	6601166	9.85E-06	0.999994	
	0.635468	25	6601231	3.79E-06	0.999998	
	0.642036	9	6601256	1.36E-06	0.999999	
	0.648604	3	6601265	4.54E-07	1	

续表

Histogram	DN	Npts	Total	Percent	Acc Pct	
	0.655172	0	6601268	0	1	
	0.661741	1	6601268	1.51E-07	1	
	0.668309	1	6601269	1.51E-07	1	
	0.674877	1	6601270	1.51E-07	1	

（5）植被覆盖度的计算　根据上一步提取的 NDVIsoil 和 NDVIveg，可以计算研究区域的植被覆盖度，计算公式如下所示。得到最终的该研究区的植被覆盖度结果如图 10-1 所示。

$$f_c = (\text{NDVI} - \text{NDVIsoil})/(\text{NDVIveg} - \text{NDVIsoil})$$

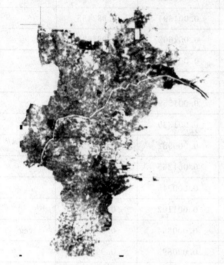

图 10-1　植被覆盖度结果

10.7.4　实验要求

（1）去除水体影响时，阈值需多次进行选择，以取得最佳阈值。

（2）选择 NDVIsoil 和 NDVIveg 时，将整个研究区考虑为同一种土壤类型，植被覆盖也为同一种植被覆盖。

10.7.5　注意事项

（1）计算植被覆盖度之前，需要去除水体的影响，使得研究区内的地物为植被覆盖与非植被覆盖，进而应用像元二分模型。

（2）求取 NDVIsoil 和 NDVIveg 时，需假设研究区内的土壤为同一土壤类型，植被为同一植被类型。

10.8 决策树分类法

10.8.1　实验目的

通过本实验，理解决策树分类法的原理；掌握典型遥感影像的每个波段的特性及利用决策树分类法进行地物分类；进一步熟悉遥感图像处理软件 ENVI、ERDAS。

10.8.2　实验设备

计算机 1 台，TM 影像或 ETM＋影像数据，地形图等解译辅助图，遥感图像处理软件 ENVI，ERDAS。

10.8.3　实验步骤

（1）决策树分类器是一个典型的多级分类器，它由一系列二权决策树构成，用于将像元归属到相应的类别。每个决策树依据一个表达式将图像中的像元分为两类。打开 2.4 节实验中裁剪的研究区。

（2）计算研究区的 NDVI。NDVI＝(float(b4)－float(b3))/(float(b4)＋float(b3))。

（3）建立决策树对遥感影像（计算的 NDVI 图）进行分类。在 ENVI 主菜单中，选择 Classification＞Decision＞Build new Decision Tree。将出现 EVNI Decision Tree 窗口，其中包含一个决策树节点和两个类别；点击 Node 按钮，并在 Edit Decision Tree Properties 对话框中输入节点名和表达式；点击"OK"将出现 Variable/File Pairings 对话框；点击变量名，选择与之相对应的输入文件或波段；要添加新的节点，在 Class 按钮上点击鼠标右键，选择 Add Children；点击新的节点在 Edit Decision Tree Properties 对话框中输入一个表达式，然后点击"OK"；如果需要，重复上述步骤，添加足够多的节点；决策树构建完成后，选择 Options＞Execute。实例如图 10-2 所示。

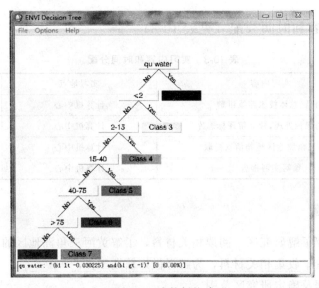

图 10-2　决策树构建

10.8.4　实验要求

（1）采用实验二所建立的分类体系（可将研究区内的植被情况进行分类，依据 NDVI 的值进行阈的值选择，然后分类）。

（2）利用决策树分类法进行分类，分类阈值设置要合理。

10.8.5　注意事项

（1）建立决策树时，需注意上下级的逻辑关系，进而正确建立判别关系式。

（2）决策树分类过程需要确定分类阈值，此阈值需进行多次反复选取，以求取最佳阈值。

10.9 综合实习

为了提高教学质量，加强理论与实践相结合，根据人才培养的要求，遥感图像解译课程安排为期 1 周的综合性的教学实习。

10.9.1 综合实习目的

(1) 通过综合实习加深对基础理论和知识的理解，进一步熟悉遥感解译的相关软件。

(2) 通过对黄河三角洲地区的自然、经济等概况的了解，制订出符合黄河三角洲地区的分类方案。

(3) 依据制订的分类方案，采用人工目视判读与决策树分类法、纹理分析、NDWI、NDVI 相结合的分层分类法提取地物信息，并对分类结果做精度评价。最终使学生完成理论知识与实际操作的相互结合。

(4) 提高综合素质，增强整体思维的能力，学会发现问题和解决问题，提高实践创新能力。

10.9.2 实习内容和时间分配（见表 10-3）

表 10-3 实习内容和时间分配

序号	实习内容	实习地点	时间分配/天
1	动员、总体技术路线讲解	计算机中心	1
2	遥感图像预处理,建立解译标志库	计算机中心	1
3	黄河三角洲地区地物信息提取	计算机中心	4
4	编写实习报告	计算机中心	1

10.9.3 实习步骤

(1) 资料准备及了解研究区　阅读相关材料，了解黄河三角洲地区的自然环境和人文背景，确定研究区位置，收集相关材料，为解译做好前期工作。

(2) 数据预处理及确定研究区范围

① 几何纠正　将行政区划图纠正到影像坐标系统下。

② 确定研究区的范围　将行政区划图与 band4 单波段影像组合，沿着行政区划图的内陆边界画 AOI，保存 AOI 层。用 AOI 将 band4 单波段影像裁剪，得到一个确定研究区内陆边界的影像。

(3) 确定研究区的海岸线

① 将等深线与内陆边界确定的单波段影像组合，沿着 3m 等深线画 AOI，保存 AOI 层。

② 用 AOI 裁剪单波段影像 1、2、3、4、5、7 组合的影像，得到一个内陆和海岸线都确定的影像。

(4) 裁剪得到研究区的总范围　裁剪结果如图 10-3 所示。

(5) 确定湿地分类方案　制订的分类系统既要符合国家湿地分类要求，又能反映黄河三角洲湿地的实际情况。

(6) 建立解译标志库　在制订分类方案的基础上，建立研究区内的解译标志库，需要认真做好解译准备工作，统筹规划好，拟订好步骤，做到有规划、有条理。先整体后局部，先易后难。见表 10-4。

图 10-3　研究区范围

表 10-4　研究区解译标志库

解译标志库		
湿地景观类型	TM 影像	影像特征
浅海水域		呈淡蓝色,亮度大,表面光滑,结构均一
滩涂		呈灰褐色,纹理不均一,沿海分布,形状不规则,由海洋到内陆的过渡区
湿生植被		呈红色,纹理色调不均匀,主要分布于自然保护区内
河流湿地		呈蓝色,带状分布于内陆地区
水产池塘		呈蓝黑色,几何形状规则,纹理结构清晰,呈一个个方形,沿海岸分布
盐田		呈蓝色、深蓝色,几何形状规则,纹理结构清晰,呈一个个方形,沿海岸分布
蓄水区		呈深蓝色,其上有植被时呈红色,几何形状规则,分散于内陆地区
耕地		呈红色,几何形状规则,边界清晰

续表

解译标志库		
湿地景观类型	TM 影像	影像特征
建筑用地		呈白黑红色交杂,分布不均匀
盐碱地		呈亮白色,分布不均匀
裸地		呈灰白色,分布不均匀

(7) 研究区信息提取

① 河流的提取　根据解译标志库中描述的河流的特征以及目视解译提取河流,在 ENVI 中确定河流的 ROI,进行 subset,裁剪出河流结果。

② 水产池塘的提取　在裁掉河流的图像上提取水产池塘并裁剪,方法与提取河流方法相同。

③ 盐田的提取　方法同水产池塘。

④ 近海水域的提取　掩膜并裁出近海水域的大致范围,计算出影像的 NDWI,经过分析得到水体为正值,植被与土壤为负值和零值,通过决策树分类法提取出浅海水域。

⑤ 蓄水区的提取　分析得只有蓄水区的 TM3>TM5,利用二者差值可将蓄水区与其他地物区分开来,其中 TM3－TM5>0 为蓄水区,经过掩膜将蓄水区提取出来。

⑥ 滩涂的提取　掩膜并裁出滩涂的大致范围,计算出图像 NDVI,查看 NDVI 的密度分割值,确定滩涂的阈值,利用决策树分类法将滩涂提出。

⑦ 剩余地物的提取　提取滩涂后,对原始影像进行掩膜处理得到研究区内的滩涂湿地类型;在 ENVI 中,计算 SAVI,MNDWI,NDBI 三个指数,分别统计一定数量的试验区各主要土地利用类型的 SAVI、NDBI、MNDWI 指数的均值。如图 10-4 所示。

分析图表,利用决策树分类法,NDBI>0 的为建筑和耕地,对原始图像进行掩膜处理得到裸地和植被,根据图表所显示的阈值 MNDI<−0.33 为耕地,其余为建筑物,而裸地和植被的区分,根据 NDVI 值便可分出。

(8) 图像二值化　将提取的地物进行重编码,为后续变化分析做好准备。

(9) 将十种地物的结果图在建模模块中进行图像叠加。

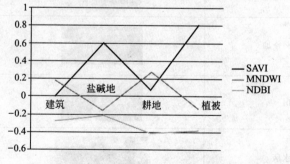

图 10-4　SAVI、MNDWI、NDBI 指数的均值

(10) 解译结果的精度评价及分析　在 ERDAS—classifier—accuracy assessment 进行精度评价,计算混淆矩阵,包括总体精度、Kappa 系数、混淆矩阵(可能性)、生产者(制造

者）精度以及用户精度，得到湿地分类精度。评价结果如表 10-5 所示。

表 10-5　湿地类型及评价结果

湿地类型	参考总数	分类总数	正确数目	生产者精度/%	用户精度/%
近海	94	94	94	100.00	100.00
河流	2	1	1	50.00	100.00
建筑用地	16	35	16	100.00	40.71
滩涂	34	35	34	100.00	95.84
植被	13	16	10	76.92	59.50
水产池塘	4	3	3	75.00	100.00
蓄水区	8	7	6	75.00	79.91
盐田	9	8	7	75.99	89.20
耕地	39	44	37	95.77	84.09
裸地	33	8	7	21.11	87.50
总体精度＝76.37%				Kappa 系数＝0.8070	

最后，针对评价结果做驱动力的分析。

（11）成果图展示　利用分层分类法解译研究区的结果如图 10-5 所示。

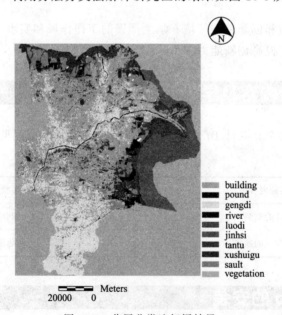

图 10-5　分层分类法解译结果

综合实习注意事项与 10.2～10.8 节的注意事项基本一致，在此不再赘述。

第⑪章 数字城市建设与管理课程实训

数字城市建设与管理是一门专业课，要求学生掌握数字城市建设与管理的基础知识、基本理论，提高观察、分析和解决问题的能力，掌握 NewMap 软件的使用方法，为学习后继课程和未来的科学研究及实际工作打下良好的基础。

11.1 课程实训教学目标

本课程通过实验与综合实习达到如下目标。

（1）巩固基础理论知识　通过课程实验教学，使学生巩固数字城市的基本概念，掌握数字城市的构架体系，加深对综合知识的理解。

（2）掌握 NewMap 软件的使用方法　学会 NewMap 软件的基本操作、综合操作以及专题图的制作。

（3）提高综合素质和创新精神　培养学生严谨的工作作风和实事求是的科学态度，学会发现问题和解决问题，提高创新能力。

11.2 课程实验内容及学时分配

本课程安排实验 4 个，共计 10 学时，具体实验内容及学时分配见表 11-1。

表 11-1　实验内容及学时分配

序号	实验内容	学时	序号	实验内容	学时
1	软件的安装	2	3	综合操作	2
2	基础知识的操作	2	4	专题图制作	4

11.3 NewMap 的安装

11.3.1 实验目的

完成 NewMapDMP 的安装，并熟悉操作界面。

11.3.2 实验设备

计算机 1 台，NewMapDMP 软件一套。

11.3.3 实验步骤

（1）运行 DMP4.2.5.3.exe。

（2）安装过程全部点击"下一步"。

（3）安装完成后，运行 NewMapDMP，弹出窗口，如图 11-1 所示，点击"确定"按钮。

图 11-1 用户权限检测

（4）单击"打开"按钮，找到与本机机器码同名的授权文件，载入，点击"继续"。

（5）安装完成，进入 NewMapDMP。

11.3.4 实验要求

（1）掌握 NewMapDMP 软件的安装方法；

（2）熟悉 NewMapDMP 的操作界面、基本功能。

11.4 基础知识的操作

11.4.1 实验目的

掌握新建图层的操作步骤，学会简单符号要素的绘制方法，学会投影转换。

11.4.2 实验设备

计算机 1 台，NewMapDMP 软件一套，china.img，china.aux，china.rrd。

11.4.3 实验步骤

新建"基础操作"文件夹，用来存放操作过程中生成的文件。

（1）新建点图层，命名为"点层.shp"

① 打开 NewMapDMP 软件，工具集目录，选择矢量图层设置——新建图层，图层类型为点图层，字段类型：String，字段名称：name，点击 按钮。确定并保存在基础操作文件夹中，命名为"点层.shp"。

② 单击 按钮，在地图图层中添加"点层.shp"，勾选点层。

③ 单击工具栏中的 按钮，打开编辑工具箱，选择当前图层为点层，单击 按钮，进行点编辑。点击添加点 按钮，绘制三个点，右键"点层"——缩放到图层。

④ 右键点击点层——打开属性表，显示点属性，分别将三个点命名为 A，B，C。如图 11-2 所示。

⑤ 右键点击点层——属性，在符号化一栏下选择"唯一值符号化"里面的"单字段符号化"，选择字段为 name，初始化显示绘制的三个点 A、B、C，双击对应的点符号，将 A 点符号化为"单线地下河出口"，将 B 点符号化为"地级行政中心"，C 点符号化为"省级行

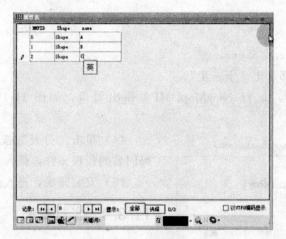

图 11-2 属性表

政中心", 应用——确定。

⑥ 右键点层——信息标注, 在字体设置中把字体大小改为 10mm, 应用——确定, 结果如图 11-3 所示。

（2）新建线图层, 命名为"线层.shp"

① 打开工具集目录, 选择矢量图层设置——新建图层, 图层类型为线图层, 字段类型: String, 字段名称: name, 点击 ✚ 按钮。确定并保存在基础操作文件夹中, 命名为"线层.shp"。

② 单击 ✚ 按钮, 在地图图层中添加"线层.shp", 仅勾选线层。

③ 单击工具栏中的 🖊 按钮, 打开编辑工具箱, 选择当前图层为线层, 单击 按钮, 开始线编辑。

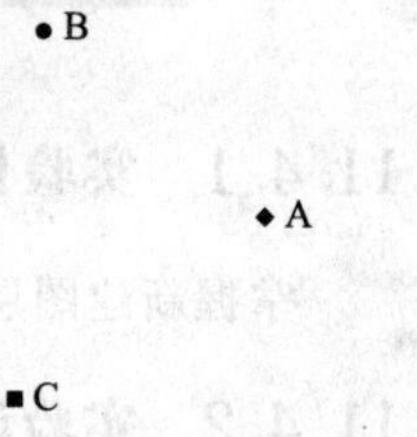

图 11-3 点层信息标注

④ 点击添加图元线 按钮, 绘制一个圆, 点击添加线 按钮, 绘制两条线段, 对两条线段进行复制并平移, 将两条线段连接成一条线（ 按钮可移动线, 使用连接线 按钮连接两条线段）。绘制一条 4 点折线 A, 复制粘贴一条该折线 B, 对折线 A 进行添加一个点, 对折线 B 删掉其中一个节点（ 按钮可在线上加点, 按钮可在线上移点, 按钮可在线上删点）。绘制一条线段, 并选中, 单击 按钮设置渐变线属性, 起始线宽为 0.1, 终止线宽为 2, 点击确定。

⑤ 右键点击线层——打开属性表, 分别将三个点命名为圆, 连接线 1, 连接线 2, A, B, 渐变线。

⑥ 右键线层——信息标注, 排列方式: 水平字列, 勾选避免重复, 在字体设置中把字体大小改为 10mm, 切换到动态标注选项卡, 注记方式设为沿中心线, 应用——确定, 结果如图 11-4 所示。

（3）新建面图层, 命名为"面层.shp"

① 打开工具集目录, 选择矢量图层设置——新建图层, 图层类型为面图层, 字段类型: String, 字段名称: name, 点击 ✚ 按钮。确定并保存在基础操作文件夹中, 命名为"面层.shp"。

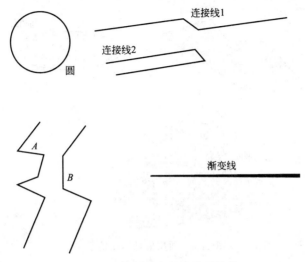

图 11-4　线层信息标注显示结果

② 单击 ⊕ 按钮，在地图图层中添加"面层.shp"，仅勾选面层。

③ 单击工具栏中的 ⚒ 按钮，打开编辑工具箱，选择当前图层为面层，单击 ✎ 按钮，开始面编辑。

④ 点击添加图元面 ▦ 按钮，绘制多边形面、椭圆面、封闭曲面。

⑤ 右键点击面层——打开属性表，分别将三个点命名为多边形、椭圆、封闭曲面。

⑥ 右键点击点层——属性，在符号化一栏下选择"唯一值符号化"里面的"单字段符号化"，选择字段为 name，初始化显示绘制的三个点 A、B、C，双击对应的点符号，将多边形符号化为"依比例尺居民地"，将椭圆符号化为"经济林"，封闭曲面符号化为"能通行的沼泽"，应用——确定。

⑦ 右键线层——信息标注，排列方式：水平字列，勾选动态标注、避免重复，在字体设置中把字体大小改为 10mm，切换到动态标注选项卡，注记方式设为外点，应用——确定，结果如图 11-5 所示。

⑧ 保存工程至基础操作文件夹，命名为"基础操作.2dv"。

（4）投影转换

① 从 NewMap 程序文件根目 NewMapDMP 下的 SampleData 文件夹中找到 china.img、china.aux、china.rrd，将三个文件拷贝到基础操作文件夹中，打开 NewMapDMP 软件，添加 china.img 图层，缩放到图层，打开属性表，将显示的投影信息进行截图，并粘贴至 word 文档。

② 从工具集中选择栅格工具——栅格格式转换——转成 GeoTiff，打开源数据——NewMapDMP 下的 SampleData 文件夹中的 china.img，转换结果默认存储在该文件夹中，文件名为"china_Convert.tif"。

③ 栅格工具——栅格投影——栅格图层投影转换，输入数据为"china_Convert.tif"，输出数据仍保存在 SampleData 文件夹下，命名为"chinaXA80.tif"，输出坐标系统为"Xian 1980.prj"，确定。

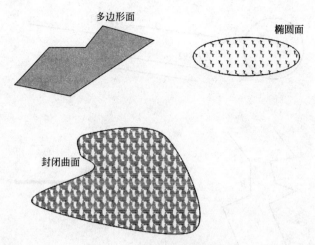

多边形面

椭圆面

封闭曲面

图 11-5　面层信息标注信息

④ 将 SampleData 文件夹下的"chinaXA80.tif"复制到基础操作文件夹中。

⑤ 添加 chinaXA80.tif 图层，缩放到图层，打开属性表，将显示的投影信息进行截图，并粘贴至 Word 文档。

⑥ 将 Word 文档保存至基础操作文件夹，命名为"投影转换.doc"

⑦ 保存工程。

11.4.4　实验要求

(1) 新建点图层，命名为"点层.shp"

① 绘制三个点 A、B、C；

② 对 B 点符号化为"地级行政中心"；

③ 对 C 点符号化为"省级行政中心"。

(2) 新建线图层，命名为"线层.shp"

① 绘制一条圆线；

② 绘制两条线段，对两条线段进行复制并平移，将两条线段连接成一条线；

③ 绘制一条 4 点折线 A，复制粘贴一条该折线 B，对折线 A 进行添加一个点，对折线 B 删掉其中一个节点；

④ 绘制一条起点宽度 0.1，终点宽度为 2 的渐变线。

(3) 新建面图层，命名为"面层.shp"

① 绘制一个任意多边形面，并符号化为"依比例尺居民地"；

② 绘制一个椭圆面，并符号化为"经济林"；

③ 绘制一个闭合曲面，并符号化为"能通行的沼泽"保存工程。

(4) 投影转换

① 查询"china.img"的投影属性信息，并拷屏粘入 Word 文档；

② 将"china.img"转换到 Xian 1980 地理坐标框架，命名为"chinaXA80.tif"；

③ 查询"chinaXA80.tif"的投影属性信息，并拷屏粘入 Word 文档，Word 文档命名为"投影转换.doc"。

11.4.5 上交成果

（1）工程文件：基本操作 .2dv 包括以下几项。

① 点层 .shp 及其产生的附属文件；

② 线层 .shp 及其产生的附属文件；

③ 面层 .shp 及其产生的附属文件。

（2）转换结果文件：栅格数据 .tif。

（3）属性信息查询结果：

① 投影转换 .doc；

② chinaXA80.tif。

11.4.6 注意事项

（1）新建图层时，将字段类型设为 String，避免在信息标注时出现乱码。

（2）栅格格式转换时，源数据存放在 C：\ ProgramFiles \ NewMapDMP \ SampleData，转换结果默认存储在 SampleData 文件夹中。

（3）进行栅格图层投影转换时，输出数据需保存在 SampleData 文件夹下，转换完成后，将转换结果复制到基础操作文件夹中。

（4）及时存盘，防止数据丢失。

11.5 综合操作

11.5.1 实验目的

掌握制作专题图层的操作步骤，学会图层的导出、合并方法，完成省级行政中心图层的制作。

11.5.2 实验设备

计算机 1 台，NewMapDMP 软件一套，"省级行政界面 .shp"，"地市级以上居民地 .shp"。

11.5.3 实验步骤

新建"综合操作"文件夹，用来存放操作过程中生成的文件。

（1）制作直辖市、自治区、省图层信息

① 打开 NewMapDMP 软件，单机 ✛ 按钮，添加数据：地市级以上居民地 .shp、省级行政界面 .shp。源数据存放在 NewMapDMP 文件夹下的 SampleData 文件夹中。

② 取消勾选"地市级以上居民地"，关闭该图层。

③ 右键"省级行政界面"图层打开属性表。单击左下角"SQL 查询" ▦ 按钮，打开查询对话框。双击字段"NAME"，单击"＝"，勾选"列出可能值"，双击"北京市"，单击"Or"，重复上述操作直至查询表达式为："NAME" = '北京市' Or "NAME" = '天津

市'Or "NAME" = '上海市'Or "NAME" = '重庆市',如图 11-6 所示,点击"查找"
按钮。

图 11-6 直辖市查询

④ 单击文件——导出选择集,源图层为"省级行政界面",将新图层文件保存至综合操作文件夹中,命名为"直辖市图层",点击确定。

⑤ 单击属性表左下角 ▣ 按钮,取消选择。再次执行"SQL 查询"命令,查询表达式为:"NAME" = '内蒙古自治区'Or "NAME" = '新疆维吾尔自治区'Or "NAME" = '宁夏回族自治区'Or "NAME" = '西藏自治区'Or "NAME" = '广西壮族自治区',如图 11-7 所示,点击"查找"按钮。

⑥ 单击文件——导出选择集,源图层为"省级行政界面",将新图层文件保存至综合操作文件夹中,命名为"自治区图层",点击确定。

⑦ 单击属性表左下角 ▣ 按钮,取消选择。执行"SQL 查询"命令,查询表达式为:"NAME" = '北京市'Or "NAME" = '天津市'Or "NAME" = '上海市'Or "NAME" = '重庆市'Or "NAME" = '内蒙古自治区'Or "NAME" = '新疆维吾尔自治区'Or "NAME" = '宁夏回族自治区'Or "NAME" = '西藏自治区'Or "NAME" = '广西壮族自治区',如图 11-8 所示,单击"查找",显示选择结果,然后点击左下角"反选" ▣ 按钮。

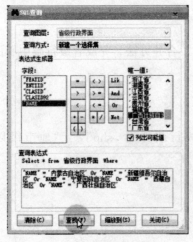

图 11-7 自治区查询

图 11-8 省级行政单位查询

⑧ 单击文件——导出选择集,源图层为"省级行政界面",将新图层文件保存至综合操作文件夹中,命名为"省图层",点击确定。

⑨ 添加数据——"直辖市图层"、"自治区图层"、"省图层"。

⑩ 仅打开"直辖市图层",文件——导出,输出格式为 PDF,文件名设置为"直辖市",设置输出路径,点击"预处理",然后单击"输出到打印文件",弹出如图 11-9 所示对话框,点击"继续"。

⑪ 仅打开"省图层",右键选择"缩放到图层",文件——导出地图为高分辨率图像,设置图像输出路径,命名为"高分辨率图像",点击"开始"按钮。

⑫ 文件——保存工程到综合操作文件夹,命名为"综合操作"。

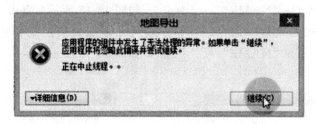

图 11-9　输出文件

(2) 制作省级行政中心图层

① 打开工程"综合操作.2dv",仅使"地级市以上居民地"图层处于打开状态,并右键选择"缩放到图层"。

② 右键"地级市以上居民地"图层打开属性表,点击"SQL 查询"按钮,查询表达式为:"NAME" = '北京' Or "NAME" = '天津' Or "NAME" = '上海' Or "NAME" = '重庆',如图 11-10 所示,点击"查找"按钮。

③ 单击文件——导出选择集,源图层为"地级市以上居民地",将新图层文件保存至综合操作文件夹中,命名为"直辖市城市",点击确定。

④ 单击属性表左下角 按钮,取消选择。再次执行"SQL 查询"命令,查询表达式为:"NAME" = '呼和浩特' Or "NAME" = '乌鲁木齐' Or "NAME" = '拉萨' Or "NAME" = '兰州' Or "NAME" = '南宁',如图 11-11 所示,点击"查找"按钮。

⑤ 单击文件——导出选择集,源图层为"地级市以上居民地",将新图层文件保存至综合操作文件夹中,命名为"自治区首府",点击确定。

图 11-10　直辖市或市查询

图 11-11　自治区首府查询

⑥ 单击属性表左下角 按钮,取消选择。在属性表下方"关键词"文本框内输入 2,右侧下拉列表中选择"ADCLASS",点击 按钮进行查询,然后点击"SQL 查询"按钮,

在弹出的对话框中，将查询方式改为"在当前选择集中删除"，查询表达式为"NAME" = '北京'Or"NAME" = '天津'Or"NAME" = '上海'Or"NAME" = '重庆'Or "NAME" = '呼和浩特'Or"NAME" = '乌鲁木齐'Or"NAME" = '拉萨'Or "NAME" = '兰州'Or"NAME" = '南宁'，如图 11-12 所示，点击"查找"按钮。

⑦ 再次执行"SQL 查询"命令，查询方式为"添加到当前选择集"，查询表达式为 "NAME" = '澳门'Or"NAME" = '香港'，如图 11-13 所示，点击"查找"按钮。

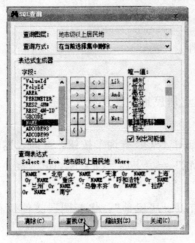

图 11-12 直辖市、自治区首府查询

图 11-13 特别行政区查询

⑧ 单击文件——导出选择集，源图层为"地级市以上居民地"，将新图层文件保存至综合操作文件夹中，命名为"省会城市"，点击确定。

（3）符号化省级行政中心

① 打开工具集目录，矢量工具——矢量融合——图层融合，打开图层文件："省会城市.shp"、"直辖市城市.shp"、"自治区首府.shp"，此时融合图层名称默认为"省会城市"，为过程文件，因此保存路径不要设置为综合操作文件夹。

② 添加上一步生成的过程文件"省会城市.shp"，右键打开属性表，单击左下角 按钮，选择所有。

③ 单击文件——导出选择集，源图层为"省会城市"，将新图层文件保存至综合操作文件夹中，命名为"全国省会城市图层"，点击确定。

④ "省会城市"右键删除图层，添加"全国省会城市图层.shp"。

⑤ 右键"全国省会城市图层"——属性，打开"符号化"选项卡，"唯一值符号化"——"单字段符号化"，选择字段"ADCLASS"，点击"初始化"按钮。双击属性值为 1 的符号，设置为符号名称为"首都"的符号，同理，将属性值为 2、9 的符号设置为符号名称为"省级行政中心"的符号。点击应用——确定。

⑥ 右键"全国省会城市图层"——信息标注，排列方式设置为水平字列，勾选动态标注，应用——确定。

⑦ 保存工程，关闭软件。

11.5.4 实验要求

（1）制作直辖市、自治区、省图层信息。

1）分别制作直辖市（北京、天津、上海、重庆），自治区（内蒙古、新疆、西藏、宁夏、广西），省的专题图层，并区分图层颜色，命名分别为：

①"直辖市图层.shp"；②"自治区图层.shp"；③"省图层.shp"。

2）分别导出如下文件格式。

①"直辖市.pdf"；②"矢量图格式.shp"；③"高分辨率图像.tif"。

（2）制作省级行政中心图层

载入"地级以上居民地"图层，导出省级行政中心（各直辖市城市，自治区首府，省会城市），并分别建立：

①直辖市城市.shp；②自治区首府.shp；③省会城市.shp。

（3）符号化省级行政中心

① 将建立好的三种省会级城市图层合并到一个"全国省会城市图层.shp"；

② 并修改成"省级行政中心"符号，将北京修改成"首都"符号，并添加 name 标注。

11.5.5 上交成果

工程文件：综合操作.2dv 包括以下几项。

（1）直辖市图层.shp 及其产生的附属文件；

（2）自治区图层.shp；

（3）省图层.shp；

（4）直辖市.pdf；

（5）矢量图格式.shp；

（6）高分辨率图像.tif；

（7）直辖市城市.shp；

（8）自治区首府.shp；

（9）省会城市.shp。

11.5.6 注意事项

（1）执行 SQL 查询命令前，应取消之前操作过程中的选择。

（2）查询表达式中的标点符号均在英文状态下输入。

（3）注意查询方式的改变，体会采用不同方式对查询结果的影响。

（4）图层融合时，融合的图层名称默认为"省会城市"，为过程文件，因此保存路径不要设置为综合操作文件夹，避免覆盖之前的成果。

（5）及时存盘，防止数据丢失。

11.6 专题图制作

11.6.1 实验目的

掌握专题图的制作过程，学会图幅整饰、添加图例的方法。

11.6.2 实验设备

计算机 1 台，NewMapDMP 软件一套，省级行政界面 .shp，全国省会城市图层 .shp。

11.6.3 实验步骤

新建"专题操作"文件夹，用来存放操作过程中生成的文件。

（1）添加数据——打开综合操作文件夹中的"全国省会城市图层 .shp"、SampleData 文件夹中的"省级行政界面 .shp"。

（2）右键"省级行政界面"打开属性表，选中"北京"所在数据行。

（3）文件——导出选择集，源图层为"全国省会城市图层"，将新图层文件保存至专题操作文件夹中，命名为"首都"，点击确定。

（4）"全国省会城市图层"右键删除图层，添加"首都 .shp"。

（5）双击"首都"图层下的点符号，打开符号选择对话框，将宽度、高度设置为 30mm。

（6）右键"省级行政界面"——属性——符号化——唯一值符号化——单字段符号化，选择字段"NAME"，点击"初始化"按钮。应用——确定。

（7）右键"首都"——信息标注——字体设置，将字体大小设置为 35mm。

（8）制图——制图比例尺，将制图比例尺设置为 1∶4000000。如图 11-14 所示。

图 11-14　制图比例尺

（9）右键"省级行政界面"选择缩放到图层。

（10）制图——地图整饰，选择"样式 _15"，点击"高级设置"按钮——输出范围，范围选择方式为"窗口区域"，切换到"文字与符号"选项卡，图名设置为"全国省级规划专题图"，字体大小为 100mm，点击确定，弹出图例设置向导对话框，单击 ⊷ 按钮，双击左侧栏内的"首都"——下一步。点击 ▲ ，将标题字体大小设置为 70mm，同理，将注记符号的字体大小、宽度、高度都设为 40mm，点击"下一步"，将图例符号的宽度、高度都设为 30mm，点击"下一步"，将纵向边距为 10，确定。

（11）地图整饰 1 图层——图例，双击首都符号，将宽度、高度都设置为 40mm，如图 11-15 所示。

（12）文件——保存工程到专题操作文件夹，命名为"专题操作"。

11.6.4 实验要求

（1）制作全国省级规划专题图　根据省级规划专题图，根据某一字段对各省进行符号化，划分不同区间，不同区间用不同的符号颜色区别。

（2）图幅整饰　对专题图成果进行图幅整饰并添加图例，比例尺设为 1∶4000000。

11.6.5 上交成果

工程文件：专题图 .2dv。

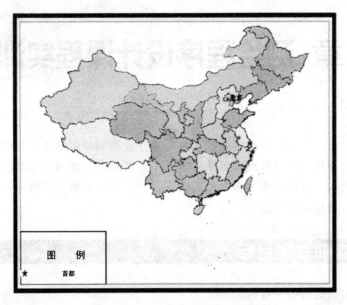

图 11-15　全国省级规划专题图

11.6.6　注意事项

（1）所使用的源数据存放路径：C：\ ProgramFiles \ NewMapDMP \ SampleData。

（2）制图比例尺设置为 1：4000000，符号应在英文状态下输入。

（3）及时存盘，防止数据丢失。

第12章 测绘程序设计课程实训

测绘程序设计是一门将计算机编程技术与测绘专业基础知识结合起来的专业课程。它是一门综合性很强的课程，涉及控制测量学、测量平差基础、工程测量学等测量专业课程的内容，还涉及数据结构、编程技术等多方面的内容。要求学生了解测量程序设计的全过程，并初步具备独立编写测量程序的能力。

12.1 课程实训教学目标

本课程通过实训达到如下目标。

（1）巩固基础理论知识　通过课程实验教学，使学生巩固已学专业知识，加深对计算机编程原理、软件工程知识的综合理解。

（2）提高基本编程能力　通过实训培养学生独立设计实现测量相关程序的能力。

（3）提高学生综合素质　培养学生发现问题和分析问题，找出事物的属性与特征，抽象思维的能力，培养学生团队协同合作的能力。

12.2 课程实验内容及学时分配

本课程安排实验 6 个，共计 32 学时，具体实验内容及学时分配见表 12-1。

表 12-1　实验内容及学时分配

序号	实验内容	学时	备注
1	简单程序编程	2	熟悉环境、简单程序练习
2	常用测量函数编程	4	实现常用测量函数
3	投影换带计算编程	6	练习函数、参数传递及迭代
4	导线内业计算编程	6	练习文件读写
5	矩阵类的运算编程	6	矩阵计算、线性方程组求解
6	水准网间接平差编程	8	实现水准网平差计算

12.3 简单程序编程

12.3.1 实验目的

（1）熟悉编程环境，通过对编程环境的使用，对编程所用 IDE 有一个初步认识。

（2）了解基本程序完整实现过程，练习顺序语句及分支语句的使用。

12.3.2 实验设备

普通台式计算机 1 台，.NET 编程环境，VS 或 SharpDevelop 编程 IDE。

12.3.3 实验步骤

（1）本次实验为第一次编程实验，因此首先要熟悉编程环境里面的菜单选项，项目浏览器，属性界面，代码界面等基本构件内容。

（2）按照要求创建一个控制台程序和 WinForm 程序，并保存和编译程序，找到编译好的 exe 程序运行观察。了解创建模板的使用，认识两个基本应用的默认代码结构，了解一个完整程序的实现过程。

（3）在已建的控制台命令程序里，实现高斯投影分带计算程序。高斯投影是我国采用的地图投影方法，从 $0°$ 子午线起，自西向东每隔经差 $6°$ 将地球表面分成一个带，称为 $6°$ 带。带号依次编为 $1\sim60$。各带中央子午线的经度为 $L_0 = N_e \times 6° - 3°$。若已知地面某点的经度为 L，求该点所在的 $6°$ 带的带号，其计算表达式为 $N_e = \mathrm{int}\ (L/6) + 1$。

分带带号计算程序设计步骤如下。

① 总体设计　程序需要一个分支语分别处理已知带号和已知经度的两种情况，系统变量主要包括输入带号、输出中央经度，输入经度和输出带号。

② 算法设计　将公式（见原理）直接转换成表达式。

（4）实现已知两点坐标反求方位角的程序。已知 A，B 两点的坐标，计算 AB 边坐标方位角的基本格式为

$\det X = X_b - X_a$，$\det Y = Y_b - Y_a$，$\beta = \mathrm{arc\ tan}\ (\det Y/\det X)$

再根据不同象限计算方位角：

① 当 $\det X = 0$，$\det Y > 0$ 时，$\alpha_{AB} = 90°$；

② 当 $\det X = 0$，$\det Y < 0$ 时，$\alpha_{AB} = 270°$；

③ 当 $\det X > 0$，$\det Y \geqslant 0$ 时，$\alpha_{AB} = \beta$；

④ 当 $\det X > 0$，$\det Y < 0$ 时，$\alpha_{AB} = 360° + \beta$；

⑤ 当 $\det X < 0$ 时，$\alpha_{AB} = 180° + \beta$。

方位角计算程序设计步骤如下。

① 总体设计　输入参数包括 2 个点的坐标，共 4 个变量，为了便于计算都为 double 型。输出只有一个变量，即方位角。

② 算法设计　根据两点坐标计算出坐标增量，之后计算方位角就需要根据情况进行判断，利用分支语句，将每一种情况列出。关键代码如下。

```
If (Math. Abs (detX) <0.0000000001)
{
  if (detY<0)
  ab=270;
  else
  ab=90;
```

```
}
else
{
    ab＝detY/detX;
    ab＝Math. Atan（ab）;
    ab＝ab＊180/Math. PI;
    if（detX＜0）
    ab＋＝180;
    elseif（detY＜0）
    ab＋＝360;
}
```

12.3.4 实验要求

（1）成果要求　每位同学必须上交投影分带计算和方位角计算程序。

（2）程序要求　根据带号正确计算出中央子午线的经度，通过输入两点坐标正确计算出边的坐标方位角。

12.3.5 注意事项

（1）首次编写程序要注意软件工程的保存，以便后续使用。程序编写调试完毕后，要检查自己编译好的可执行文件，看是否能正确运行。

（2）在程序中构建表达式时，一定按照编程语言本身语法要求，避免和数学中的运算符混淆。

（3）在高斯投影分带计算程序中应考虑实现 3°带的计算功能。

（4）方位角计算程序的分支较多，在进行程序检验时，应多输入几组特征参数，对程序的运行逻辑进行检验。

12. 4 常用测量函数编程

12.4.1 实验目的

（1）通过对常用测量函数的编程，进一步加深对编程基础知识的理解。

（2）掌握常用测量函数的算法，将其封装为函数，以便后面程序的使用。

12.4.2 实验设备

普通台式计算机 1 台，.NET 编程环境，VS 或 SharpDevelop 编程 IDE。

12.4.3 实验步骤

（1）坐标正算函数的实现　坐标正算函数的原理　已知点 A 的坐标、AP 的坐标方位角 α_{AP} 和水平距离 S_{AP}，计算点 P 的坐标（X_p，Y_p）。

坐标正算函数的设计步骤如下。

① 总体设计 当设计成函数时，要考虑输入的参数是什么，应输出哪些值？如果这个值是一个，比较好办，函数直接返回就可以了。如果返回值是多个又该如何？

输入的参数应该是 A 点的坐标（X_A，Y_A），边 AP 的水平边长 S_{AP} 和方位角 α_{AP}；

输出值（或返回值）应为 P 点的坐标（X_p，Y_p）。

② 算法设计 根据设计可使用引用做参数将返回值回代，或者直接利用结构将数据传回。

使用引用做参数将返回值回代：

```
private static void CalCoord (double Xa, double Ya, double S, double A, ref double Xi, ref double Yi)
{
    Xi=Xa +S * Math. Cos (A);
    Yi=Ya +S * Math. Sin (A);
}
private static void CalCoord (double Xa, double Ya, double S, double A, out double Xi, out double Yi)
{
    Xi=Xa +S * Math. Cos (A);
    Yi=Ya +S * Math. Sin (A);
}
```

使用结构将参数回传：

```
struct pPoint
{
    public double X;
    public double Y;
}
private static pPoint CalCoord (double Xa, double Ya, double S, double A)
{
    pPoint p;
    p. X=Xa +S * Math. Cos (A);
    p. Y=Ya +S * Math. Sin (A);
    return p;
}
```

（2）角度化弧度函数的实现

① 角度化弧度的原理 在计算机中所有的三角函数计算时需要弧度制，而观测数据往往是度分秒的格式，因此需要将"度分秒"格式数据转化成弧度单位。首先将数据按 60 进制化成以度为单位，然后按照"度-弧度"转换公式进行转换。

② 角度化弧度函数设计 函数需要输入参数度分秒数据，利用函数返回值将弧度制数据传回。

③ 角度化弧度函数算法   利用字符串处理函数处理输入数据，关键代码如下：

```
Public static double DmsToRad（string dmsA）
{
    int p＝dmsA. IndexOf（"."）;
    if（p＞0）
        {
        double D＝Convert. ToDouble（dmsA. Substring（0，p））;
        string str＝dmsA. Substring（p ＋1）;
        double M＝Convert. ToDouble（str. Substring（0，2））;
        double S＝Convert. ToDouble（str. Substring（2，2））;
        double du＝（D ＋M/60＋S/3600）;
        return TransR（du）;
    } else
        {
        return TransR（Convert. ToDouble（dmsA））;
        }
}
public static double TransR（double du）
{
    return du * Math. PI/180;
}
```

（3）弧度化角度函数实现

① 弧度化角度函数的原理   三角函数计算时需要弧度制，而输出数据往往是"度分秒"的格式，因此需要将弧度单位数据转化成"度分秒"格式，以方便数据输出。首先将数据按弧度-度转换公式进行转换，然后将单位为度的数据按 60 进制转为"度分秒"格式。

② 弧度化角度函数设计   函数需要输入参数弧度数据，利用函数返回值将数据按"度分秒"形式传回。

③ 弧度化角度函数算法   利用 math 类中 truncate 函数对数据进行处理，关键代码如下：

```
static double RadToDms（double radA）
{
    radA＝TransD（radA）;
    radA＋＝0. 00000001;
    double du＝Math. Truncate（radA）;
    double fen＝Math. Truncate（（radA - du）* 60）;
    double miao＝（radA - du - fen/60. 0）* 60;
    return du ＋fen/100 ＋miao/10000;
}
static double TransD（double hu）
```

```
{
    return hu * 180/Math. PI；
}
```

（4）推算坐标方位角函数的实现

① 推算坐标方位角函数的原理　导线计算程序中经常需要推算方位角，利用方位角推算公式，根据已知方位角推算对应方位角。

② 推算坐标方位角函数设计　函数需要输入 2 个参数，已知方位角和转折角。推算出的方位角利用函数返回值返回。

③ 推算坐标方位角函数算法　利用 math 类中 floor 函数对数据进行处理，关键代码如下：

```
Static double Azm（double a，double jiao）
{
    return To2Pi（a ＋jiao ＋Math. PI）；
}
static double To2Pi（double radAngle）
{
    radAngle＝radAngle-Math. Floor（radAngle／（Math. PI * 2））* Math. PI * 2；
    if（radAngle ＜ 0）
    radAngle ＋＝Math. PI * 2；
    return radAngle；
}
```

12.4.4　实验要求

（1）成果要求　每位同学必须上交包含以上四个常用测量函数的程序集。

（2）程序要求　所有函数封装于一个类文件中，所有函数能正确运行，确保角度弧度换算程序整数运算没有问题。

12.4.5　注意事项

（1）在实现函数时，要确定好参数传递的方式，引用型参数区分 ref 和 out 的不同。

（2）如果返回数据较多，应结合结构进行参数传递。

（3）角度化弧度函数只处理了输入参数为字符串类型的一种情况，还要考虑当输入为数值型时的算法实现。

（4）当处理数值型数据时，必须考虑计算机数据存储精度的问题，因此弧度化角度时，数据加了一个很小的数。

12.5 投影换带计算编程

12.5.1　实验目的

（1）加深对投影换带理论知识的理解，通过实现程序增强对结构体、函数传参、函数重载等知识的理解。

（2）通过实现投影算法，理解复杂表达式拆分实现的方法。

（3）通过实现底点纬度求解，进一步深化对循环迭代知识的理解。

12.5.2 实验设备

普通台式计算机1台，.NET编程环境，VS或SharpDevelop编程IDE。

12.5.3 实验步骤

本实验编程大地坐标（B，l）和高斯平面直角坐标（X、Y）之间的换算、不同带之间的高斯坐标换算的程序。

（1）投影换带程序的内容

① 坐标正算　大地坐标→高斯投影平面直角坐标；

② 坐标反算　高斯投影平面直角坐标→大地坐标；

③ 换带计算　高斯投影平面直角坐标→邻带高斯投影平面直角坐标。

（2）投影换带程序的原理

① 正算公式

$$x = X + \frac{N}{2}\sin B\cos Bl^2 + \frac{N}{24}\sin B\cos^3 B(5 - t^2 + 9\eta^2 + 4\eta^4)l^4$$

$$+ \frac{N}{720}\sin B\cos^5 B(61 - 58t^2 + t^4 + 270\eta^2 - 330\eta^2 t^2)l^6$$

$$y = Nl\cos B + \frac{N}{6}\cos^3 B(1 - t^2 + \eta^2)l^3 + \frac{N}{120}\cos^5 B(5 - 18t^2 + t^4 + 14\eta^2 - 58t^2\eta^2)l^5$$

② 反算公式

$$l = \frac{1}{N_f\cos B_f}y - \frac{1 + 2t_f^2 + \eta_f^2}{6N_f^3\cos B_f}y^3 + \frac{5 + 28t_f^2 + 24t_f^4 + 6\eta_f^2 + 8\eta_f^2 t_f^2}{120N_f^5\cos B_f}y^5$$

$$B = B_f - \frac{t_f(1 + \eta_f^2)}{24N_f^2}y^2 + \frac{t_f(5 + 3t_f^2 + 6\eta_f^2 - 6t_f^2\eta_f^2 - 3\eta_f^4 + 9\eta_f^4 t_f^4)}{120N_f^5\cos B_f}y^4$$

$$- \frac{t_f(61 + 90t_f^2 + 45t_f^4 + 107\eta_f^2 + 162\eta_f^2 t_f^2 + 45\eta_f^2 t_f^4)}{720N_f^6}y^6$$

③ 换带计算　将坐标换算为经纬度，根据目标带中央经线算出新经差，再将结果按正算公式计算出换带后的坐标。

（3）投影换带程序的实现

① 投影换带程序的总体设计　程序采用控制台形式来实现。地球的长半轴和扁率在程序内用常数确定，利用分支语句决定要进行以上三种运算的哪种运算。正反算中输入数据为地面点的平面坐标或经纬度。换带计算中需要确定投影分带是3°带还是6°带，确定目标带号和输入点的平面坐标值。因为正反算公式非常复杂，涉及中间参数数量众多，因此在传递参数时尽量使用结构，在构建表达式时，尽量分开来写。在处理经差经度问题时可以利用函数重载解决。在处理底点纬度计算时，采用迭代计算。

② 投影换带程序的算法设计　此程序较大，内容非常多，因此仅取两个关键算法进行

说明。

对正反算公式进行分析，发现当椭球参数确定时，如下参数可随之确定，因此在传递参数时，将其参数结构按如下声明：

```
public struct prm
{
    public double Ta;
    public double Tb;
    public double Tc;
    public double Td;
    public double Te;
    public double Tet;
    public double A0;
    public double B0;
    public double C0;
    public double D0;
    public double E0;
    public double Te2;
    public double Te4;
    public double Te6;
    public double Te8;
}
```

在反算的计算流程中，经差的计算很简单，直接计算即可，但纬度的计算需要先计算底点纬度。底点纬度 B_f 是一个重要的中间变量。当参数 B_f 的值确定以后，高斯投影反算的计算过程就变得较为简单。在某种程度上讲，高斯投影反算问题计算过程的关键就是求底点纬度 B_f 的值。用子午线弧长计算公式进行迭代计算，在开始迭代时，取弧长的初值为 $x/$A0（x 为坐标值，A0 为椭球参数确定后结构体中计算的 A0 值）。迭代算法如下：

```
public static double Bfc (double x, prmnewPrm)
{
    double bf0;
    bf0 = x/newPrm. A0;
    int i = 0;
    while (i < 10000)
    {
        double sinBf = Math. sin (bf0);
        double cosBf = Math. cos (bf0);
        double sinBf3 = Math. Pow (sinBf, 3);
        double sinBf5 = Math. Pow (sinBf, 5);
        double sinBf7 = Math. Pow (sinBf, 7);
        double BF = (x/newPrm. Td + cosBf * (newPrm. B0 * sinBf + newPrm. C0 *
```

```
sinBf3 ＋newPrm. D0 ＊ sinBf5 ＋newPrm. E0 ＊ sinBf7））/newPrm. A0;
    if（Math. Abs（BF - bf0）＜ 0. 0000000001）
    {
        return BF;
    }
        bf0＝ BF;
        i＋＋;
    }
        return -1;
}
```

12.5.4　实验要求

（1）成果要求　每位同学上交 1 份完整的高斯换带程序集。

（2）程序要求　程序能解决某一固定椭球的高斯正算、反算和换带计算功能。

12.5.5　注意事项

（1）避免过多地使用全局变量。由于全局变量具有许多意想不到的副作用，在程序设计方法中是要尽量避免的。

（2）不要让主程序承担太多的逻辑功能，在主程序中只考虑数据的输入、输出，简单的计算以及函数的调用等主要过程即可。如果将所有的函数功能都写在主程序中，将导致在其他的地方无法利用现有的函数功能，特别是第三个换带计算功能不需要单独实现只是反复调用前两个功能函数即可。

（3）如果考虑国家高斯平面坐标系统与独立坐标系统，主要是改变投影面（实质上是改变椭球参数）的独立坐标系统的转换，程序的功能将更完善。

（4）当计算的点位较多时，需要对某些参数进行循环计算，这些计算过程可以编写成模块，以调用模块的方式处理，使主程序更简明、易读、功能强大。

12.6 导线内业计算编程

12.6.1　实验目的

（1）实现基于 WinForm 的导线内业计算程序，练习 WinForm 窗体及控件的使用；

（2）练习借助 System. IO 类库进行格式化文件的读写操作。

12.6.2　实验设备

普通台式计算机 1 台，. NET 编程环境，VS 或 SharpDevelop 编程 IDE。

12.6.3　实验步骤

（1）复习导线内业计算流程。

（2）导线内业计算程序的实现　程序设计步骤如下。

① 数据输入　利用 FileStream 对象格式化读取数据。

② 数据处理　调用计算方位角函数和推算方位角函数求导线闭合差，分支语句判断是否符合限差要求，不超限分配闭合差重新计算方位角，计算坐标增量，计算坐标增量闭合差，判断是否符合限差要求，若符合则分配坐标增量闭合差，计算新坐标增量，计算改正后的坐标。

③ 数据输出　将计算结果数组以文件的形式输出。

12.6.4　实验要求

（1）成果要求　每人上交一份导线内业计算程序。

（2）程序要求　能读取指定格式导线数据文件，能进行简易平差运算，将结果输出为文件，具有计算闭合导线、附合导线和支导线的功能。

12.6.5　注意事项

（1）理解文件读写，思考文件读写与 Console 控制台读写相似之处。

（2）程序内需要调用角度弧度换算函数，反求方位角函数和方位角推算函数，总结将功能模块封装成函数的好处。

（3）在读取结构化数据的时候，最重要的就是对字符串的处理及数据类型转换，一定注意 C# 是强类型数据的语言，务必保证数据类型的正确。

（4）导线内业计算比较简单，但利用计算机编程语言实现与手工计算具有很多不同的地方，在实现算法的时候，注意计算闭合差的不同之处。

12.7　矩阵类的运算编程

12.7.1　实验目的

（1）掌握平差计算中有关矩阵运算和线性方程组的解算方法；

（2）通过实现矩阵运算类，为测量平差程序编写打下基础。

12.7.2　实验设备

普通台式计算机1台，.NET 编程环境，VS 或 SharpDevelop 编程 IDE。

12.7.3　实验步骤

（1）实现矩阵运算加法函数。

（2）实现矩阵运算减法函数。

（3）实现矩阵转置计算函数。

（4）实现矩阵计算乘法函数。

（5）实现列选主元高斯消去法求解线性方程组函数。

（6）实现高斯希德尔求解线性方程组函数。

12.7.4 实验要求

(1) 成果要求　将所有矩阵运算类保存到一个类文件中，不用上交，此类在平差程序编写中要用到，与后面实验的结果一并上交。

(2) 程序要求　测试每一个函数功能是否能正确进行矩阵运算，矩阵运算可利用数组（区分 1 维和 2 维）进行模拟实现，重点检查程序能否完成行矩阵和列矩阵的运算。

12.7.5 注意事项

(1) 矩阵的加、减、转置运算较为简单，但应当仔细思考在遍历数组时与其对应矩阵的情况，进一步加深对数组处理的理解。

(2) 矩阵乘法运算为一个三重嵌套循环，不要死记硬背算法实现，而是通过分析嵌套循环的执行顺序，结合矩阵乘法运算真正理解算法的含义。

(3) 列选主元高斯消去法的算法代码较为复杂，尽量分步理解消化。

(4) 高斯希德尔迭代算法不如消去法好理解，但其代码量较小，实现起来更为简单。在理解的时候，可结合投影换带程序中的迭代求底点纬度思想，考虑两者是否有相同之处。

12.8 水准网间接平差编程

12.8.1 实验目的

(1) 复习巩固水准网间接平差的原理与方法；

(2) 掌握大型程序总体设计、功能模块设计、函数调用、测试完善的基本方法。

12.8.2 实验设备

普通台式计算机 1 台，.NET 编程环境，VS 或 SharpDevelop 编程 IDE。

12.8.3 实验步骤

(1) 水准网间接平差计算例题　如图 12-1 所示，已知 A、B 点高程分别为 $H_a = 5.000$m、$H_b = 6.000$m，为确定 X_1，X_2，X_3 点的高程，进行了水准测量，观测结果为

$h_1 = +1.359$m，$S_1 = 1$km

$h_2 = +2.009$m，$S_2 = 1$km

$h_3 = +0.363$m，$S_3 = 2$km

$h_4 = +0.640$m，$S_4 = 2$km

$h_5 = +0.657$m，$S_5 = 1$km

$h_6 = +1.000$m，$S_6 = 1$km

$h_7 = +1.650$m，$S_7 = 1.5$km

(2) 水准网间接平差计算原理　取 X_1、X_2、X_3 三点的高程值为参数，其近似高程为

$$X_1^0 = H_A + h_1 = 5.000 + 1.359 = 6.359$$

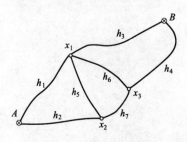

图 12-1　水准网示意图

$X_2^0 = H_A + h_2 = 5.000 + 2.009 = 7.009$

$X_3^0 = H_B + h_4 = 6.000 + 0.640 = 5.360$

于是有	误差方程	常数项	权
	$v_1 = x_1 - l_1$	$l_1 = X_1^0 - H_A - h_1$	$P_1 = 1/S_1$
	$v_2 = x_2 - l_3$	$l_2 = X_2^0 - H_A - h_2$	$P_2 = 1/S_2$
	$v_3 = x_1 - l_3$	$l_3 = X_1^0 - H_B - h_3$	$P_3 = 1/S_3$
	$v_4 = -x_3 - l_4$	$l_4 = H_B - X_3^0 - h_4$	$P_4 = 1/S_4$
	$v_5 = x_2 - x_1 - l_5$	$l_5 = X_2^0 - X_1^0 - h_5$	$P_5 = 1/S_5$
	$v_6 = x_1 - x_3 - l_6$	$l_6 = X_1^0 - X_3^0 - h_6$	$P_6 = 1/S_6$
	$v_7 = x_2 - x_3 - l_7$	$l_7 = X_2^0 - X_3^0 - h_7$	$P_7 = 1/S_7$

写成矩阵形式：$V = AX - L$，解得 $x = (A^T PA)^{-1} A^T Pl$ 。

(3) 水准网间接平差程序实现　程序设计的步骤如下。

① 已知数据的输入　根据已知数据的格式，将数据读入到设计好的结构中。

② 平差计算过程

a. 近似高程的计算　用一个数组来存储高程近似值，已知点的高程放在这个数组的开头，然后搜索、计算。

b. 列立观测值的误差方程　根据各观测值的起止点信息及高差、距离值给误差方程的系数矩阵、权矩阵和常数项的各个元素赋值。

c. 平差解算　调用通用平差程序计算结果。

③ 计算结果输出。

④ 界面设计　简单的数据处理界面，弹出菜单加 textbox 控件。

算法设计：其中近似高程计算代码如下。

```
private void 近似高程 ToolStripMenuItem _ Click (object sender, EventArgs e)
{
  //近似高程的计算，每循环一次，计算出一个高程点
  for (int i=0; i<ukpNum; i++)
  {
    //循环所有观测数据，找到合适的计算
    //两种情况 1. 起点已知，终点未知 2. 起点未知，终点已知
    for (int j=0; j<gpNum; j++)
    {
      if (gcData [j] . SpointN==kpNum+i && gcData [j] . EpointN < kpNum+i)
      {
        hKnown [kpNum+i] =hKnown [gcData [j] . EpointN] -gcData [j] . H ;
        break ;
      }
    if (gcData [j] . EpointN==kpNum+i && gcData [j] . SpointN <kpNum+i )
    {
      hKnown [kpNum+i] =hKnown [gcData [j] . SpointN] +gcData [j] . H ;
```

```
        break；
      }
    }
  }
}
```

误差方程：

```
private void 误差方程 ToolStripMenuItem _ Click（object sender，EventArgs e）
{
        //列误差方程
        A= new double [gpNum，ukpNum]；
        L= new double [gpNum]；
        P= new double [gpNum，gpNum]；
        for（int i= 0；i < gpNum；i++）
        {
            if（gcData [i] . EpointN > kpNum-1）
            A [i，gcData [i] . EpointN -kpNum] = 1；
            if（gcData [i] . SpointN > kpNum-1）
            A [i，gcData [i] . SpointN - kpNum] = -1；
            L [i] = - (hKnown [gcData [i] . EpointN] -hKnown [gcData [i] .
            SpointN] - gcData [i] . H)；
            P [i，i] = 1.0 / gcData [i] . S；
        }
        MatrixPrint（A）；
        MatrixPrint（P）；
}
```

12.8.4 实验要求

（1）成果要求 每人上交一份完整的水准网间接平差程序集。

（2）程序要求 能够对给定格式的水准网观测数据进行平差处理并输出结果保存。

12.8.5 注意事项

（1）水准网平差计算需要用到前面已实现的函数，包括角度弧度换算、矩阵基本运算、线性方程组求解等。将之前算法程序应用到本项目中。

（2）水准网数据结构是程序实现非常重要的一环，设计良好的数据结构既能方便编写代码，又能反映出数据内在的逻辑。

（3）在列误差方程时，必须充分观察其规律，结合设计数据结构数据内部联系列出一致的方程。

（4）为了方便，数据处理采用了文件的形式，需用到 System. IO 类库，复习相关知识，并考虑如何扩展程序使其可以批量处理同类型文件。

第⑬章 高光谱遥感课程实训

高光谱遥感是一门专业拓展课，要求学生掌握高光谱遥感的基本概念、原理与方法，熟练掌握高光谱仪的基本操作，掌握光谱分析、光谱变换、光谱特征提取和光谱反演建模的基本方法，以及光谱处理软件的基本操作流程。

13.1 课程实训教学目标

本课程通过实验达到如下目标。

（1）巩固基础理论知识 通过课程实验教学，使学生巩固高光谱遥感的基本概念、原理和方法，加深对高光谱遥感知识的系统理解。

（2）提高仪器操作技能 较为熟练地掌握地物光谱仪的基本操作技能，提高动手操作能力。

（3）掌握光谱技术应用方法 熟练掌握光谱分析、光谱变换、光谱特征提取和光谱反演建模的基本方法，了解高光谱技术的应用方向。

（4）提高综合素质 培养实事求是、一丝不苟和精益求精的科学素养；培养善于发现问题、分析问题和解决问题的探索精神，提高创新思维和创新能力。

13.2 课程实验内容及学时分配

本课程安排实验 9 个，共计 20 学时，具体实验内容及学时分配见表 13-1。

表 13-1 实验内容及学时分配

序号	实验内容	学时	序号	实验内容	学时
1	地物高光谱测量	2	6	基于统计分析的光谱估测建模	2
2	地物高光谱特性分析	4	7	基于神经网络的光谱估测建模	2
3	高光谱数据初等变换	2	8	基于贴近度的光谱估测建模	2
4	包络线去除法光谱变换	2	9	基于模糊识别的区间值估测建模	2
5	高光谱特征因子提取	2			

13.3 地物高光谱测量

13.3.1 实验目的

（1）了解美国 PSR-1100 地物光谱仪的基本部件，认识其主要部件的名称和作用。

（2）掌握 PSR-1100 地物光谱仪的基本操作步骤，学会植被、土壤、水体等地物光谱测量方法，进一步理解高光谱的特点和不同地物的波谱特性。

13.3.2 实验设备

PSR-1100 地物光谱仪 1 台（波长范围 320～1100nm，分辨率 3.2nm，采样带宽 1.5nm），反射率标准白板 1 个，手持掌上机（PDA）1 个，笔记本电脑 1 台，1m 长光纤 1 根，手枪式光纤手柄 1 个。

13.3.3 实验步骤

(1) 安装并熟悉地物光谱仪的部件，熟悉操作规程；

(2) 架设地物光谱仪，连接光纤，安置好手柄；开机后，光纤探头垂直对准平放的标准白板，测定白板光谱；

(3) 准备油青、萎黄的植被叶片样品，测定其光谱；

(4) 准备同一地点表层、浅层（5cm）、深层（15cm）土壤样品，测定其光谱；

(5) 准备纯净水、轻度浑浊水、重度浑浊水样品，测定其光谱。

13.3.4 实验要求

(1) 熟悉地物光谱仪的部件及操作方法，掌握地物光谱测定的要领。

(2) 掌握地物光谱仪的基本操作步骤，每位同学至少操作 3 次，比较不同地物的光谱特性。

13.3.5 注意事项

(1) 架设地物光谱仪时，要记住光纤连接和手柄安置方法，确保操作规范。

(2) 架设地物光谱仪时也可不连接光纤，用 PSR-1100 地物光谱仪的标准 4°前视场角镜头测量地物的反射率。测量时可用激光瞄准。

(3) 测量地物光谱时，光纤探头要垂直对准地物，高度 10cm。

(4) 用 PSR-1100 自带的 DARWin SP 数据获取和分析软件生成曲线图，红色曲线代表测量反射板得到的太阳能量扫描曲线，蓝色曲线为地物的反射光谱。

(5) DARWin SP 软件允许用户使用 DARWin 的内置分析功能，在同一个图表中打开多条扫描曲线对比。数据以 ASCⅡ 形式输出，并可以输出到多个第三方程序中进行进一步的分析。

(6) 按钮式面板和 LCD 显示——不连接电脑也可采集存储 2500 条光谱数据。实验结束后，要及时保存光谱数据，以防丢失。

13.4 地物高光谱特性分析

13.4.1 实验目的

(1) 掌握利用 Excel 表绘制高光谱曲线的方法；

(2) 分析不同地物光谱在各波段上的响应特性，分析光谱分辨率对地物光谱响应的影响；

（3）分析样本数量对地物特性与反射率之间相关性的影响，进一步理解地物光谱特性和光谱高分辨率的作用。

13.4.2 实验设备

计算机 1 台，Excel 软件，不同地物的光谱数据 1 组，土壤光谱及土壤有机质含量的样本数据不少于 80 个。

13.4.3 实验步骤

（1）绘制光谱曲线 根据实验测定的光谱数据，利用 Excel 表绘制高光谱曲线图，标明图名、纵横轴名，设置字体样式、大小和曲线颜色。

（2）分析光谱响应特性 根据绘制的光谱曲线，分析地物在可见光、近红外各波段（350～2500nm）上的光谱响应特性，即反射率的大小及其变化规律，详细描述其特点。

（3）分析光谱分辨率的作用 取 1 条 350～2500nm 且光谱分辨率为 1nm 光谱曲线，分别以 4nm、8nm、16nm、32nm、64nm、128nm、256nm、512nm 为间隔压缩原光谱曲线的数据，即取原光谱曲线反射率的均值，降低光谱分辨率，然后绘制不同光谱分辨率的光谱曲线图，对比分析其特点。

（4）分析样本数量对相关系数的影响 分别用 20 个、30 个、40 个、50 个、60 个、70 个、80 个样本，计算土壤有机质含量与不同波段（350～2500nm）反射率的相关系数，绘制相关系数曲线图，对比分析相关系数曲线变化特点。

（5）分析不同土壤类型的光谱特性 将 80 个土壤光谱样本按土壤类型分组，计算每组各波段光谱数据的平均值，根据平均值绘制不同土壤类型的土壤光谱图，分析土壤类型对光谱的影响规律。

（6）分析土壤有机质含量的光谱特性 从 80 个土壤光谱样本中，选择同一土壤类型的样本，然后按土壤有机质含量不同分组，计算每组各波段光谱数据的平均值，根据平均值绘制同一土壤类型不同有机质含量的土壤光谱图，分析土壤有机质含量对光谱的影响规律。

13.4.4 实验要求

（1）通过实验理解高光谱波段多、光谱分辨率高、信息丰富的特点，要按步骤认真操作，独立完成，掌握利用 Excel 表绘图的基本方法。

（2）仔细分析不同地物的光谱响应特点，深刻理解光谱分辨率高的作用，剖析样本数量对地物特性与反射率之间相关性影响的内涵。

13.4.5 注意事项

（1）利用 Excel 表绘制地物高光谱曲线图时，图名、纵横轴名要标注齐全，字体大小一般用 5 号，纵横轴刻度标注的数字小数位数一般 1 位或 2 位。

（2）分析地物光谱响应特性时，既要分析光谱曲线的整体变化情况，又要分析局部波段上的变化特点。

（3）一个图上绘制不同光谱分辨率的光谱曲线时，要在反射率值上加不同的常数，以便区分。

（4）绘图时，若发现有些曲线不显示，Word2003 版本，则需在 Excel 菜单"工具"的"选项"下，将"图表"空格单元的绘制方式设置为"以内插值替换"，如图 13-1 所示。

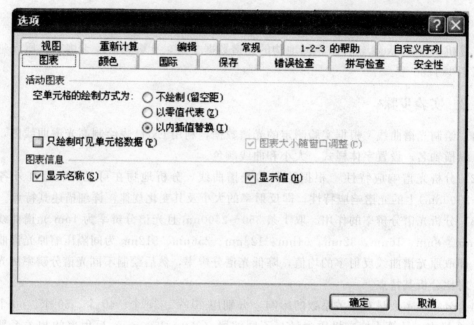

图 13-1　Word2003 版本空格单元的绘制方式设置

对于 Word2010 版本，先绘制折线图，在折线图上右击看到右键菜单，其中"选择数据（E）"，打开对话窗口，如图 13-2 所示。

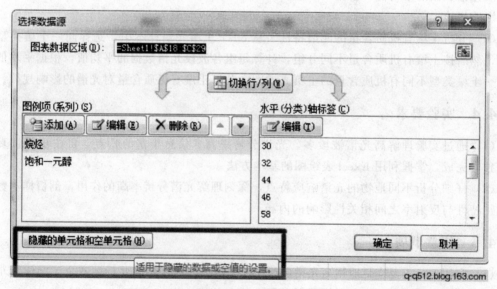

图 13-2　Word2010 版本空格单元的绘制方式设置

打开"隐藏的单元格和空单元格（H）"对话框，如图 13-3 所示，选择"用直线连接数据点（C）"，点击确定即可。

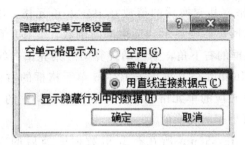

图 13-3　Word2010 版本隐藏和空单元格设置

另一种方法是不改变系统的默认设置，只是在空单元格中填入"♯N/A"（输入时不需要带双引号），表示错误值，即没有可用的值。填入所有空单元格之后，同样可得到连续的曲线。

（5）计算相关系数时，采用 Excel 的"CORREL"函数，但要注意因变量应是固定的行或列数据，且与自变量的数据单元长度一致。如 A＄2152：Z＄2152，表示计算时第 2152 行 A 到 Z 单元的 26 个数是固定的；而＄W1：＄W80，表示计算时第 W 列 1 到 80 单元的 80 个数是固定的，也可采用＄A＄2152：＄Z＄2152 或＄W＄1：＄W＄80 的表达形式。

13.5 光谱数据初等变换

13.5.1　实验目的

（1）掌握光谱数据的初等变换方法；
（2）掌握利用 Excel 表变换光谱数据的基本操作，理解光谱数据变换的目的。

13.5.2　实验设备

计算机 1 台，Excel 软件，土壤光谱及土壤有机质（水）含量的样本数据不少于 80 个。

12.5.3　实验步骤

（1）选择光谱数据变换方法　常见的初等变换方法如表 13-2 所示。

表 13-2　光谱数据的初等变换方法

序号	变换方法	序号	变换方法
1	反射率的倒数（$1/R$）	7	反射率对数的一阶微分（$(\ln R)'$）
2	反射率的对数（$\ln R$）	8	反射率对数的倒数的一阶微分（$(1/\ln R)'$）
3	反射率对数的倒数（$1/\ln R$）	9	反射率平方根的一阶微分（$(R^{0.5})'$）
4	反射率的平方根（$R^{0.5}$）	10	反射率平方根的倒数（$1/R^{0.5}$）
5	反射率的一阶微分（R'）	11	反射率平方根倒数的一阶微分（$(1/R^{0.5})'$）
6	反射率倒数的一阶微分（$(1/R)'$）	12	反射率平方根的二阶微分（$(R^{0.5})''$）

（2）光谱数据变换　在 Excel 表原始光谱数据的下面，重复列出各波段（350～2500nm）波长值，在波长对应的单元格书写变换公式，如第一条光谱曲线的波长 350nm 的

反射率值保存在 B2 单元格，其变换后的值放在 B2156 单元格，则使光标位于 B2156 单元格，书写公式"＝1/R"，回车后则显示"反射率的倒数"变换后的结果。点击 B2156 单元格，再双击 B2156 单元格框的右下角，则自动计算第一条光谱曲线 350～2500nm 反射率的变换值。然后，点击 B2156 单元格，再点击 B2156 单元格框的右下角，并向右拖动到最后一条光谱曲线波长 350nm 对应的单元格位置，再点击单元格框的右下角，则自动计算所有光谱曲线 350～2500nm 反射率的变换值。

（3）计算相关系数　在 350nm 所在行光谱数据变换后的空单元格，采用 Excel 的"CORREL"函数，计算土壤有机质（水）含量与变换后光谱数据的相关系数，并比较与变换前相关系数的差异性，从而分析变换方法的有效性。

同理，可采用其他方法进行光谱变换，计算相关系数，确定最佳变换方法。

13.5.4　实验要求

（1）通过实验掌握光谱数据的初等变换方法，掌握利用 Excel 表变换光谱数据的基本方法，增强使用 Excel 的技能。

（2）要认真操作，独立完成表 13-2 所列变换方法，对比分析各种变换方法的有效性，初步认识光谱特征提取的出发点。

13.5.5　注意事项

（1）充分理解光谱数据变换的目的，即光谱数据变换是为了提高研究对象与反射率之间的相关性。

（2）要理解各种变换方法，正确写出计算公式，尤其是微分变换。

（3）微分变换常用差分式计算，即 $R'_i = (R_{i+1} - R_{i-1})/2\Delta\lambda$，要注意波长间隔 $\Delta\lambda$ 的选取，一般取 $\Delta\lambda = 10nm$，也可取 15nm 或 20nm。通过试算确定最佳的 $\Delta\lambda$ 值。

（4）要保存所有方法的变换结果，因为并不是最佳变换方法的结果才有用，有些变换方法的结果在个别相关性较高的波段上的信息也是有用的。

13.6　包络线去除法光谱变换

13.6.1　实验目的

掌握包络线去除法光谱变换的方法，掌握利用 Excel 表进行包络线去除法光谱变换的基本操作步骤，进一步理解包络线去除法光谱变换的原理。

13.6.2　实验设备

计算机 1 台，Excel 软件，土壤光谱及土壤有机质（水）含量的样本数据不少于 80 个。

13.6.3　实验步骤

包络线去除法可有效放大光谱局部波段的信号，形成一种归一化的吸收光谱，从而进行光谱吸收特征分析和光谱特征波段选择。计算公式如下。

$$R_{cj} = \frac{R_j}{R_{start} + K(\lambda_j - \lambda_{start})} \tag{13-1}$$

式中，R_{cj} 表示第 j 波段包络线去除变换后的值，R_j 表示第 j 波段的反射率值，R_{start} 表示起点波段的反射率值，λ_{start} 表示起点波段的波长值，λ_j 表示第 j 波段的波长值，K 表示起点波段到终点波段的直线斜率，其计算方法如下：

$$K = \frac{R_{end} - R_{start}}{\lambda_{end} - \lambda_{start}} \tag{13-2}$$

式中，R_{end} 表示终点波段的反射率值，λ_{end} 表示终点波段的波长。光谱经包络线去除变换后，可计算对称度，公式如下：

$$AA = \frac{A_{left}}{A_{right}} \tag{13-3}$$

式中，A_{left} 表示从起点位置（左肩部）到最大吸收特征位置的面积；A_{right} 表示从最大吸收位置到终点的（右肩部）的面积；AA 表示对称度。

除对称度外，还有以下几个概念。

① 吸收位置（Absorption Position，AP） 在光谱吸收谷中，反射率最低处的波长，即 $AP = \lambda_0$。

② 吸收深度（Absorption Depth，AD） 在某一波段吸收范围内，反射率最低点到归一化包络线的距离，即 $AD = 1 - R_{cj}$。

③ 吸收宽度（Absorption Width，AW） 最大吸收深度一半处的光谱带宽 FWHM（Full Width at Half the MaximumDepth）。

利用 Excel 表进行包络线去除法光谱变换的基本操作步骤如下。

（1）计算斜率 根据光谱曲线图确定起点和终点的光谱位置，在某一单元格位置，按式（13-2）计算斜率 K。

（2）计算变换值 若波长放在 A 列，反射率放在 B 列，则包络线去除法光谱变换值可放在 C 列。在起点波长对应的 C 列单元格，按式（13-1）书写计算公式，回车得光谱的变换值 R_{cj}。点击该单元格，再双击该单元格框的右下角，则自动计算起点到终点的光谱变换值。若光谱变换后有的值大于 1，则应调整起点或终点的位置。

（3）计算对称度 在 D 列计算深度 $D = 1 - R_{cj}$，在 E 列计算归一化的吸收光谱线与值为 1 的横线所围成的面积。面积计算一般采用近似矩形法，因高光谱的光谱分辨率为 1nm，所以可将深度值的累计值近似作为面积值。根据 D 列的深度数据，利用 Excel 表的求最大值函数，确定最大吸收深度（MAD）及吸收位置即波长 λ_0，从而计算出 A_{left} 和 A_{right}，利用式（13-3）计算对称度。

（4）计算吸收宽度 AW 在波长为 λ_0 的吸收位置处的左右两边，寻找吸收光谱与最大吸收深度的一半基本相等所对应的波长 λ_1 和 λ_2，则吸收宽度 $AW = \lambda_1 - \lambda_2$。

13.6.4 实验要求

（1）掌握包络线去除法光谱变换的方法，会利用 Excel 表进行包络线去除光谱变换。

（2）按照操作步骤，每人至少完成 5 条光谱曲线的包络线去除变换。

13.6.5   注意事项

（1）理解清楚包络线去除法的原理，以便正确书写公式。

（2）若光谱变换后有的值大于 1，说明直线与原始光谱曲线存在交叉，则应调整直线起点或终点的位置。

（3）要充分利用 Excel 表的基本函数功能，简化计算，减少工作量。

① MAX（D3：D50）函数　　自动寻找单元格 D3 到 D50 中 48 个数据的最大值；而 MIN（D3：D50）函数则自动寻找最小值。

② INDEX（G3：G100，M10）函数　　在单元格 G3 到 G100 中，自动寻找以 M10 单个格数值为行号的对应 G 单元格的数值。

③ MATCH（MAX（E1：E240），E1：E240，0）函数，自动寻找在单元格 E1 到 E240 中数值最大值对应的行号；而 MATCH（MIN（C1：C240），C1：C240，0）函数，自动寻找在单元格 C1 到 C240 中数值最小值对应的行号。

④ SUMPRODUCT（LEN（A3：A279）-LEN（SUBSTITUTE（A3：A279，"A"，"")））函数　　自动统计单元格 A3 到 A279 中字符为"A"的数量。

13.7　高光谱特征因子提取

13.7.1   实验目的

（1）掌握高光谱特征因子提取的一般方法；

（2）掌握光谱特征因子融合的基本方法，进一步理解光谱特征因子提取的目的。

13.7.2   实验设备

计算机 1 台，Excel 软件，土壤光谱及土壤有机质（水）含量的样本数据不少于 80 个。

13.7.3   实验步骤

高光谱特征因子提取是为了建立光谱估测模型，通常从与研究对象相关性较大的波段中提取。在因子提取之后，还可以再进行因子融合处理，以进一步提高相关性。

（1）基于光谱初等变换的因子提取　　利用 13.5 节实验对原始光谱数据进行初等变换的结果，计算相关系数并绘制相关系数图，如图 13-4 所示。

根据图 13-4 依据最大相关性原则，选取相关性较大的波段，如 598nm、848nm、1458nm、1912nm 等，其光谱变换值可作为光谱特征因子。

（2）基于光谱包络线去除的因子提取　　利用 13.6 节实验对原始光谱数据进行包络线去除的结果，如面积、对称度、吸收位置、吸收深度和吸收宽度等指标值，计算相关系数并绘制相关系数图，依据最大相关性原则选取光谱特征因子。

（3）光谱特征因子的融合　　对提取的光谱特征因子再进行二次处理，如已得到 R_1、R_2 两个因子，则可进行 $R_1 \times R_2$、R_1/R_2、$(R_1-R_2)/(R_1+R_2)$ 等融合变换，对变换后的值再进行筛选。

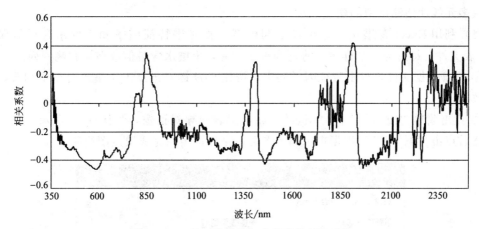

图 13-4 R 的一阶微分与有机质的相关系数

最终获取与因变量相关性较大的因子，用于估测建模。

13.7.4 实验要求

（1）掌握光谱特征因子提取的一般方法，会利用 Excel 表分析提取特征因子。

（2）按照操作步骤，每人至少提取 10 个特征因子，并作融合处理分析。

13.7.5 注意事项

（1）光谱特征因子提取的基本要求是具有较高的相关性。

（2）光谱特征因子提取并不是仅依靠一种变换方法，可从多种变换方法中提取。

（3）高光谱数据的邻近波段具有较高的相关性，选择的波段应尽量离散化。

（4）在初步提取特征因子后，应分析其间的相关性，并进一步融合处理。

（5）光谱特征因子提取的方法很多，如光谱斜率法、模拟函数法、主成分分析法等，在实际应用中应多种方法并用，取长补短。

13.8 基于统计分析的光谱估测建模

13.8.1 实验目的

（1）掌握光谱估测建模的基本步骤，会利用 Excel 表建立一元统计估测模型；

（2）掌握利用 DPS 7.5 系统建立多元统计估测模型的基本方法，进一步理解光谱估测或反演的思想。

13.8.2 实验设备

计算机 1 台，Excel 软件，DPS 7.5 系统，土壤光谱及土壤有机质（水）含量的样本数据不少于 80 个。

13.8.3 实验步骤

根据提取的特征因子，可建立土壤有机质（水）含量的光谱估测模型。本实验主要学习一元或多元线性估测模型的建立方法。

（1）利用 Excel 表建立一元统计估测模型　把光谱特征因子和土壤水含量值保存在 Excel 表文件，每行为一个样本，每列为一个指标，土壤水含量值放在最右侧一列。

① 打开数据文件，点击特征因子列头，按住 Ctrl 键，再点击土壤水含量值列头，选中两列数据；

② 点击菜单"插入"下的"图表"，显示图表向导对话窗，如图 13-5 所示。点击散点图，然后点击"下一步"，根据提示输入图名、坐标轴名，完成散点图绘制。

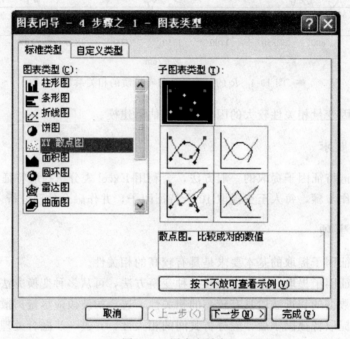

图 13-5　图表向导窗

在如图 13-6 中，点击散点图中的任一黑点后，点击鼠标右键，显示快捷键，再点击"添加趋势线"，则显示趋势线对话窗。根据散点图特征确定趋势线的类型，在"选项"勾选"显示公式（E）"和"显示 R 的平方值（R）"，点击"确定"则完成趋势线添加。最后，

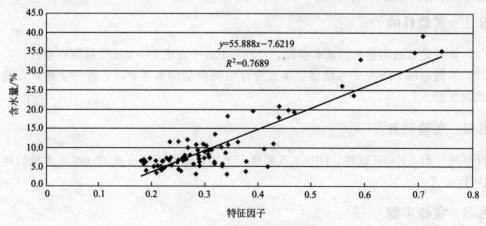

图 13-6　一元线性回归模型

再编辑文字样式、大小和位置等，使图美观。

③ 根据建立的一元线性估测模型，在 Excel 表中计算各样本的预测值、误差值、相对误差和平均相对误差，评定模型的精度。

④ 若有预留检验样本，则利用估测模型计算检验样本的预测值及精度，检验模型的有效性。

同理，可利用其他光谱特征因子，建立一元线性或非线性估测模型，评定其精度。

（2）利用 DPS 7.5 系统建立多元统计估测模型

① 打开 DPS 7.5 系统，将 Excel 表中的数据拷贝到 DPS 7.5 系统，并选中全部数据；

② 点击菜单"多元分析"下的"回归分析→线性回归"，则显示如图 13-7 所示的提示窗。

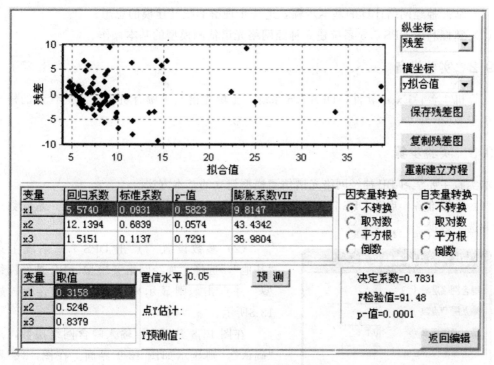

图 13-7　多元线性回归分析计算

在图 13-7 中，显示拟合值-残差图、回归系数、标准系数、决定系数等信息，也可选择自变量、因变量的转换方式。点击"返回编辑"，则在系统主界面显示计算结果，包括变量特征、相关系数、方差分析表、回归方程系数、预测值、残差等信息。

③ 将计算结果复制到 Excel 表或另存文件。根据建立的多元线性估测模型，在 Excel 表中计算各样本的预测值、误差值、相对误差和平均相对误差，评定模型的精度及有效性。

同理，可利用 DPS 7.5 系统中的其他回归分析方法，建立估测模型并评定其精度。

13.8.4　实验要求

（1）掌握光谱估测建模的一般方法，会利用 Excel 表和 DPS 7.5 系统建模。

（2）按照操作步骤完成建模，并按规定格式写出实验报告。

13.8.5 注意事项

（1）要根据散点图的分布，合理确定一元回归模型的类型，即线性或非线性的。

（2）模型中显示的决定系数 R^2 是利用残差计算的，不同于相关系数 R。

（3）DPS 7.5 系统中有多种回归分析建模方法，可灵活选用或多种方法并用。

（4）根据散点图的分布，建模时可对变量进行适当的转换，以提高模型精度。

13.9 基于神经网络的光谱估测建模

13.9.1 实验目的

（1）掌握神经网络计算的基本步骤，进一步理解非线性建模的思想；

（2）掌握利用 DPS 7.5 系统建立神经网络光谱估测模型的基本操作。

13.9.2 实验设备

计算机 1 台，Excel 软件，DPS 7.5 系统，土壤光谱及土壤有机质（水）含量的样本数据不少于 80 个。

13.9.3 实验步骤

本实验主要学习 BP 神经网络光谱估测模型建立的基本方法。

（1）数据准备　启动 DPS 7.5 系统，将 Excel 表中的数据复制到 DPS 7.5 系统数据表单，并选中数据。

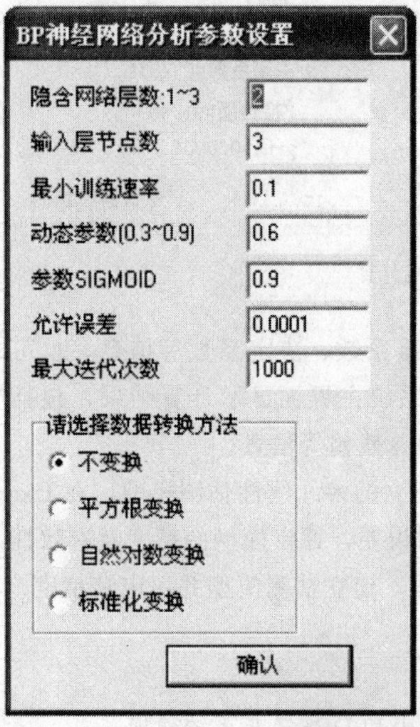

图 13-8　BP 神经网络参数设置

（2）参数设置　点击 DPS 7.5 系统主菜单"其他"，选择"神经网络类模型→BP 神经网络模型"并点击，则显示模型参数设置界面，如图 13-8 所示。

在图 13-8 界面中，输入隐含网络层数，点击"确认"，则显示如图 13-9 界面。在图 13-9 界面中，输入第 1 隐含网络层节点数，如输入 3，点击"OK"，则显示第 2 隐含网络层节点数输入界面，如输入 2，点击"OK"，则自动计算。计算完毕后，显示待预测样本因子输入窗。输入预测样本因子后，点击"OK"则显示预测值。若不继续预测，关闭该窗口，则系统自动新建数据表单并显示计算结果，即各层节点的权重矩阵和拟合值。

（3）结果保存　若不保存拟合残差图，双击该图则其消失。将计算结果复制到 Excel 表或另存文件。在 Excel 表中计算各样本的预测值、误差值、相对误差和平均相对误差，评定模型的精度及有效性。

（4）模型优化　神经网络模型的精度与隐含层数、节点数和模型参数有关，调整模型参数，寻找精度最优的模型结构及参数。

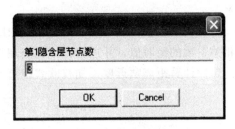

图13-9　隐含层节点数设置

13.9.4　实验要求

（1）掌握神经网络建模的基本步骤，熟练DPS 7.5系统操作。

（2）按照操作步骤完成建模并优化，并按规定格式写出实验报告。

13.9.5　注意事项

（1）在选择建模样本数据后，若有待预测样本（无因变量），按住Ctrl键拖动鼠标，将待预测样本数据定义为第二个数据块。

（2）网络输入层神经元节点数就是自变量（特征因子）的个数，输出层节点数就是系统目标（因变量）的个数。隐含层神经元节点数按经验选取，一般取输入层节点数的75%，但要以提高模型的精度为目的，可以通过试算确定。

（3）训练速率越大，权重变化越大，收敛越快，但训练速率过大，会引起系统震荡。在DPS系统中，训练速率会自动调整，因此用户可取一个最小训练速率，一般取0.9。

（4）动态参数依经验选取，一般取0.6～0.8。Sigmoid参数调整神经元的激励方式，一般取0.9～1.0。迭代计算次数一般取1000次，表示不收敛时允许最大的计算次数，可以增大。

（5）允许对输入数据进行适当的转换，提供的转化方法有对数、平方根和标准化，可试算确定。

（6）神经网络模型是一种黑箱结构，其物理含义不明，参数调整是盲目的，只能凭经验而定。调整模型结构和参数仍得不到满意结果时，需要重新确定特征因子。

13.10 基于贴近度的光谱估测建模

13.10.1　实验目的

（1）掌握贴近度计算的基本方法，进一步理解模式识别的思想；

（2）掌握利用Excel表建立基于贴近度的光谱估测模型的基本操作。

13.10.2　实验设备

计算机1台，Excel软件，土壤光谱及土壤有机质（水）含量的样本数据不少于80个。

13.10.3　实验步骤

（1）数据准备　对给定的样本数据分组，一组作为已知模式，约占80%，另一组作为检验样本，约占 20%。检验样本要具有一定的代表性，应包含不同有机质（水）含量的样本。

（2）确定权重　利用 Excel 的 CORREL 函数计算各自变量与因变量间的相关系数，取各相关系数的绝对值，并进行归一化处理得各指标的权重。

（3）计算距离贴近度　加权欧式距离贴近度的计算公式为

$$\sigma_{jk} = 1 - \left\{ \sum_{i=1}^{m} \left[w_i (r_{ij} - r_{ik}) \right]^2 \right\}^{1/2} \tag{13-4}$$

式中，σ_{jk} 表示第 k 个待检验样本与第 j 个模式样本的加权欧式距离贴近度；w_i 表示权重，且 $\sum_{i=1}^{m} w_i = 1$；r_{ij} 表示第 j 个模式样本的第 i 个指标，$0 \leqslant r_{ij} \leqslant 1$；$r_{ik}$ 表示第 k 个待检验样本的第 i 个指标，$0 \leqslant r_{ik} \leqslant 1$；$m$ 表示自变量个数，n 表示模式样本个数，$j = 1, 2, \cdots, n$；$i = 1, 2, \cdots, m$。

根据式（13-4）利用 Excel 表计算第 1 个待检验样本与 n 个模式样本的贴近度。

（4）判别决策　根据最大贴近原则，判定待识别样本与哪个已知模式最接近。若判定待识别样本与第 p 个已知模式最接近，则可将第 p 个模式的因变量值作为待识别样本的预测值。计算中将用到 MIN、MATCH、INDEX 函数，请参见 13.6 节内容。

（5）精度评定　根据待识别样本的预测值和已知值，计算相对误差。

同理，可对所有待识别样本的土壤有机质（水）含量进行估测，计算平均相对误差。

13.10.4　实验要求

（1）掌握贴近度计算的基本原理，会利用 Excel 表编写程序。

（2）掌握利用 Excel 表的计算步骤，独立完成并按规定格式写出实验报告。

13.10.5　注意事项

（1）基于贴近度的模式识别估测方法，其实质是模式的重现性。若已知模式代表性不强，则可能预测误差较大。因此，应注重丰富已知的模式库。

（2）模式识别方法是基于特征进行判别，不要求自变量与因变量间具有较高的相关性。因此，合理选择模式的特征至关重要。

（3）权重的大小直接影响预测结果，应合理确定各指标的权重。

（4）要充分利用 MIN、MATCH、INDEX 等函数功能，增强计算的自动化。

13.11 基于模糊识别的区间值估测建模

13.11.1　实验目的

（1）掌握模糊识别的基本方法，进一步理解区间值估测的思想；

（2）掌握利用 DPS 7.5 系统建立区间值光谱估测模型的基本操作。

13.11.2　实验设备

计算机 1 台，Excel 软件，DPS 7.5 系统，土壤光谱及土壤有机质（水）含量的样本数据不少于 80 个。

13.11.3 实验步骤

（1）数据准备 样本数据分成两组，约占 80% 的样本作为已知模式，约占 20% 的样本用于检验，要求具有代表性。

（2）模式划分 将已知模式样本按因变量（有机质或水含量）由小到大排序，再根据因变量的数据特征，将模式样本分成若干类。每类至少要有 3 个样本，类别号用数字表示，如 1，2，…。每个模式样本所属类号写在因变量左侧一列，待检验样本所属类号用 0 表示。

（3）类别预测 启动 DPS 7.5 系统，将所有样本的自变量和分类号（不含因变量）复制到 DPS 7.5 数据表单，并一起选中定义数据块。然后点击"其他"进入菜单操作，选择"模糊数学→模糊识别"功能项，回车执行后即可输出计算结果。输出结果包括各类变量（变量名、最小值、最大值、标准差和变量 B）和待识别样本的归类结果（样本号、对各类贴近度的最大值、最贴近的类号）。

（4）模式优化 计算待检验样本类别判别的准确度，若判别的准确度不高，则应调整分类数。

13.11.4 实验要求

（1）掌握区间值估测的基本原理，会利用 DPS 7.5 系统进行类别估测计算。

（2）掌握 DPS 7.5 系统的操作步骤，独立完成并按规定格式写出实验报告。

13.11.5 注意事项

（1）模式划分要充分考虑已知数据因变量的特点，合理确定分类数。

（2）待识别样本所属类别的预测准确度与模式样本的分类数有关。若判别的准确度不高，则应调整分类数。

（3）模式样本要有足够的数量和较好的代表性。

第⑭章 毕业实习实训

毕业实习是专业人才培养过程中的一个综合环节。本章主要介绍毕业实习实训的教学目标、形式、时间安排、考核内容、成绩评定和组织管理。

14.1 毕业实习实训的教学目标

毕业实习是实现人才培养目标的重要教学环节，是培养大学生的创新能力、实践能力、创业精神和综合素质的重要实践环节。毕业实习实训应达到以下目标。

（1）提高综合应用知识能力　通过毕业实习，使学生巩固所学的基础理论、专业知识和基本技能，综合应用所学知识，进一步提高独立分析和解决实际问题的能力。

（2）熟练掌握各项操作技能　通过理论与实践相结合，增强对所学专业知识的系统理解和应用能力，全面掌握测量仪器和专业软件的操作技能与技巧。

（3）了解测绘生产工作程序　通过生产实践，熟悉测绘生产的基本工作流程，了解测绘工程项目的管理程序，学会撰写测绘生产项目技术设计书和总结报告。

（4）提高综合素质和创业精神　增强集体主义观念、劳动观念，培养实事求是、一丝不苟、吃苦耐劳的工作作风；增强知识价值观和创业精神，综合素质和实践创新能力明显提高。

14.2 毕业实习实训的形式

测绘类专业是实践性较强的专业，对实践教学的要求较高。学生应珍惜毕业实习机会，积极参加生产实践锻炼，综合运用所学知识，全面提高自身素质。考虑到学生考研、就业和未来发展方向等因素，毕业实习的形式可灵活多样，主要采用以下形式。

（1）到生产单位实习　学生可以到学校的实习基地或生产单位进行毕业实习，密切结合实习单位的具体工程项目内容，如控制测量、数字测图、地籍测量、房产测量、变形监测、摄影测量、遥感信息处理、地理信息系统应用、数字城市建设、软件开发等，综合应用所学专业知识开展实习。

（2）结合科研项目实习　根据毕业论文（设计）的选题，学生可结合导师的科研项目或到科研机构进行实习，综合应用所学专业知识，进行文献检索、资料收集、测试实验、数据分析等。

（3）结合公益活动实习　根据学校安排，结合对口支援、扶贫工作、社会调查等公益性活动开展实习，综合应用所学专业知识，进行地形图测绘、软件开发、问卷调查、资料整理、数据统计等。

毕业实习的基本要求请参见 1.3.4 的内容，不再赘述。

14.3 毕业实习实训的时间安排

卓越工程师教育培养计划是培养造就一批具有良好社会责任感、富有创新精神、工程实践能力强、适应经济社会发展需要的高素质工程技术人才。为满足卓越工程师教育培养计划的要求，优化人才培养方案，强化工程实践能力、工程设计能力与工程创新能力为核心，重构课程体系，优化教学内容，着重加强实践教学环节，采用"3+1"的教学模式。

根据"3+1"的教学模式，大学第四学年即为毕业实习阶段（包含毕业论文或设计 5 周）。每个学生必须参加不同形式的毕业实习，圆满完成实习任务，并提交毕业实习报告 1 份。申请加入卓越工程师教育培养计划的学生必须到测绘生产第一线进行毕业实习，累计实践锻炼时间不少于一年，其中包括利用假期进行的社会实践锻炼。

14.4 毕业实习实训的考核内容

毕业实习的考核内容主要包括以下方面。

（1）实习内容　重点考核实习内容是否符合人才培养目标、是否提高学生的实践技能和专业素质；考核拟订调查、试验、设计、研究方案和组织实施的能力。

（2）出勤与纪律　重点考核参加生产劳动的时间、请假累计时间；考核违反规定和纪律的情况。

（3）实习日记　考核实习日记是否按规定书写，内容是否充实等。

（4）实习报告　考核实习报告是否符合实习内容，是否符合专业人才培养的特点。

（5）实习总结　重点考核实习过程总结、实习体会和学习收获。

（6）实习单位管理　重点考核实习单位的实习氛围、服务支撑、过程管理和实习监控质量等。

14.5 毕业实习实训的成绩评定

根据上节考核内容、个人表现综合评定学生的毕业实习成绩，考核结果分优秀、良好、中等、通过和不通过。各等级成绩的评定标准参见 1.5.3 内容，在此不再重复。

14. 6 毕业实习实训的组织管理

（1）成立领导小组 学院成立毕业实习领导小组，明确组长和成员，负责毕业实习与毕业论文（设计）工作的指导和督导。系毕业实习工作小组，在学院毕业实习领导小组的指导下，负责毕业实习与毕业论文（设计）工作的具体落实和管理。

（2）实习申请与审批

① 学生自择单位进行毕业（生产）实习，本人于实习前1周提出书面申请，并如实填写"学生自择单位实习情况表"。

② 学生申请后，由分管院长召集学院毕业实习领导小组，集中就有关情况进行汇总和审批，重点就接受实习单位的情况、接受实习的能力和管理等方面进行把关。审批后（同意或不同意），由分管院长以书面形式通知学生本人和专业所在系及指导教师。

③ 毕业实习开始后3周，不再受理学生申请。

（3）保障措施

① 确实加强对自择单位进行毕业实习学生的管理，防止放任自流和质量下降。

② 结合论文双选确定指导教师，负责指导学生的毕业实习、毕业论文（设计）和安全管理，其职责和指导内容执行学校制定的毕业生产实习工作管理规范和学院制定的毕业实习有关规定。指导教师应主动与学生保持经常联系，了解学生实习进展情况。

③ 学生实习前，由院团委、指导教师和学生签订安全责任书，一式三份，分别由团委、指导教师、学生三方保存。

④ 在实习过程中，学院毕业实习领导小组和指导教师要对自择单位进行检查，实习单位如果不能满足实习需要或不能完成实习内容，学生不能按照规定进行实习，学院可终止实习，由指导教师另行安排。

⑤ 严格执行请销假制度。请假3天以内由实习单位负责人和指导教师审批，3天及以上须由学院分管院长审批；无故不请假3天以上者，给予记过处分，7天以上者实习不通过，需要跟下一年级补做。

14. 7 毕业实习的资料归档

毕业实习结束，学生必须提供由实习单位负责人和指导教师共同签字，并加盖实习单位公章的学生自择单位毕业（生产）实习考核表。

实习考核表及毕业实习报告，以系为单位收齐后送院教学档案室归档。

见附表14-1。

附表 11-4

××大学
学生自择单位毕业（生产）实习考核表

姓名			性别		专业		
学生所在学院						邮政编码	
实习时间	年 月 日 至 年 月 日						
实习内容							
出勤与纪律状况							
实习单位指导教师评语	指导教师签字： 年 月 日						
实习单位综合评语及考评结果	负责人签字： 年 月 日					单位（公章）： 年 月 日	考评结果

说明：1. 本表由实习学生在实习报到时交给实习单位。

2. 实习单位负责填写本表（"考评结果"按优秀、良好、中等、通过、不通过填写），由实习单位指导教师和负责人共同签字，并加盖实习单位公章方为有效。

3. 实习结束后，实习单位负责按照档案要求将本表寄返给学生所在学校。

第15章 毕业论文(设计)实训

毕业论文（设计）是专业人才培养过程中的最后一个实训环节。本章主要介绍毕业论文（设计）实训的目标、任务书、开题报告、论文格式和基本要求，以及毕业论文（设计）答辩的程序和要求。

15.1 毕业论文（设计） 实训的教学目标

毕业论文（设计）是专业人才培养过程中的最后一个综合实训环节，是大学生完成学业的标志性作业，是对学习成果的综合性总结和检验，是对学生所学理论知识和技能的综合应用和实践，也是对学校教学计划、课程设置、教学模式、教学方法和教学水平等方面的综合检验。毕业论文（设计）实训应达到以下目标。

（1）提高综合应用知识能力　通过撰写毕业论文，使学生综合应用所学基础知识、专业知识和技能，学会发现问题、分析问题和解决问题。

（2）了解科学研究过程　通过资料收集、文献检索、实验设计、仪器操作、数据获取、统计分析和资料整理等调查研究活动，使学生了解专业科学前沿和科学研究过程，增强科学探索的兴趣，培养治学严谨、实事求是的工作作风。

（3）学会科技论文撰写　通过实验数据分析、资料利用和论文撰写，掌握撰写科技论文的基本方法，培养学生创新精神和创新能力。

（4）检验人才培养质量　通过撰写毕业论文，使学生意识到知识的重要性和自身的不足，增强学习动力，同时检验专业人才培养方案的合理性、教学效果和人才培养质量，促进教学模式改革。

15.2 毕业论文（设计） 任务书

（1）任务书的来源　毕业论文（设计）任务书是学院根据已确定的毕业论文（设计）课题下达给学生的一种文件，是学生和指导教师共同从事毕业论文（设计）工作的依据，并由指导教师填写，专业、学院负责人审定后，于毕业实习前作为正式任务下达给每位学生。

（2）任务书的内容与格式　毕业论文（设计）任务书的格式如附表15-1所示，其内容主要包括以下几方面。

① 毕业论文（设计）题目，专业，班级，学生姓名，指导教师姓名，下发日期；
② 毕业论文（设计）的要求；
③ 毕业论文（设计）的主要内容与技术参数；
④ 毕业论文（设计）工作计划；
⑤ 毕业论文（设计）完成日期。

（3）任务书的填写要求　学生在选择导师和论文（设计）题目后，要明确论文（设计）的具体研究内容和要达到的预期目标，制订合理的技术路线、实施方法和工作计划，清楚要采用的仪器设备、实验手段和技术参数，并认真填写任务书，做到内容精练准确、项目填写齐全。

15.3 毕业论文（设计）开题报告

（1）填写论文（设计）开题报告的目的　毕业论文（设计）开题报告是规范管理，培养学生严谨、务实的科研作风的有效途径，是学生从事毕业论文（设计）工作的依据。由学生在选定毕业论文（设计）题目后，与导师协商，讨论题意与整个毕业论文（设计）的工作计划，然后根据课题要求查阅、收集有关资料并编写研究提纲，于毕业（生产）实习前经导师所在专业或学院请有关专家参加论证后填写。专业、学院负责人审定后开始执行。

（2）填写毕业论文（设计）开题报告的内容与格式　毕业论文（设计）开题报告的格式如附表 15-2 所示，其内容主要包括以下几方面：

① 选题依据；

② 文献综述内容；

③ 研究方案；

④ 进程计划；

⑤ 指导教师对文献综述的评语；

⑥ 专业意见；

⑦ 学院意见。

（3）填写毕业论文（设计）开题报告的要求

毕业论文（设计）开题报告的填写要求见附表 15-2 中说明部分，不再重复。

15.4 毕业论文（设计）的要求

15.4.1 毕业论文（设计）的基本要求

（1）文献要求　学生必须查阅相关文献资料，数量视课题需要和学生水平而定，一般在 15 篇以上，其中外文资料不少于 3 篇。做毕业论文的学生要撰写 1500～2000 字的综述（做毕业设计的学生为调研报告），作为论文（设计）的前言部分。

（2）字数要求　毕业论文（含综述）、毕业设计计算说明书（含调研报告、图纸）的篇幅：正文字数原则上不少于 12000 字；中外文摘要 200～300 字；关键词 3～5 个；工程图纸数量视各专业具体情况确定。

（3）内容要求　毕业论文应思想端正、观点明确，内容精练、层次分明，论点明确、实事求是，论据充分、可信。毕业设计的技术措施、计算参数、技术经济指标的选择合理，设计方案可行，主题明确、重点突出，内容精练、层次分明，公式应用计算准确。

（4）图表要求　图样整洁、清楚，布局合理。线条粗细符合要求，圆弧连接光滑，尺寸标注规范，文字注释必须使用工程字体书写，必须采用最新的国家标准。从事毕业设计的学生必须有手工绘制的图纸和一定数量的 CAD 图纸。所有图线、图表、线路图、流程图、程序框图、示意图等不准徒手画，必须按国家规定标准或工程要求绘制。图表要内容齐全、编号统一。

（5）文字要求　用汉语写作。用字要规范，文字通顺，语言流畅，书写工整，无错别字，不准请人代写。

（6）排版要求　文中的专业术语、计量单位、图表格式、文字书写以及引用文献，均应按正式出版物要求来表述。

（7）存档要求　毕业论文（设计）一式两份或电子版，由答辩小组交学院存档。

15.4.2 毕业论文（设计）的格式要求

（1）格式要求 毕业论文（设计）应按照科技论文格式，由学生本人用计算机排版、打印，一律使用统一封面（A4，21cm×29.7cm）。打印规格：页面纵向使用，左边距2.5cm，右边距2cm，上边距2.5cm，下边距2cm。

（2）字体字号要求

① 题目：3号黑体字。下方空一行，用4号楷体字注明作者及指导教师。

② 摘要、关键词：5号黑体字，内容用5号宋体字。

③ 中外文目录：小4号楷体字。统一按1，1.1，1.1.1等层次编写，并注明页码。

④ 正文层次标题：二级标题，4号黑体字。三级标题，小4号楷体字加深。统一按1，1.1，1.1.1等层次编写，一律顶格，后空一格写标题。如正文中引用的符号较多，可在正文前列出符号表。正文内容（含参考文献、附录等）：小4号宋体字。

⑤ 图、表：标题小4号宋体字加深，内容5号宋体字。并按文中次序编排。

⑥ 参考文献应是公开出版的书刊；文献必须按引用顺序排列；文献中的作者均按先姓后名排列，多位作者只列前三位（两位作者之间用逗号隔开），后面作者用等（"等"字之前用逗号隔开）表示。书写格式：

［编号］作者．论文题目［J］．期刊名称，出版年，卷号（期号）：起止页码

［编号］作者．书名［M］．出版者，出版年：起止页码

［编号］作者．论文题目［D］．毕业学校，年份：起止页码

［编号］作者．论文题目［C］．会议名称，开会地点，年份：起止页码

其中，J表示期刊论文，M表示著作，D表示学位论文，C表示会议论文。

15.4.3 毕业论文（设计）及管理档案装订要求

为便于操作和管理，每位学生的毕业论文（设计）与毕业论文（设计）管理档案分别单独装订成册。

（1）毕业论文（设计）装订要求 每生一册，按如下顺序装订。

① 封面；

② 中外文目录；

③ 正文：毕业论文题目、作者（班级、专业）及指导教师（注明职称）、中外文内容摘要、中外文关键词、前言（综述或调研报告）、正文；

④ 参考文献或资料（按正文中引用的先后顺序列出，包括文献编号、作者姓名、书名或文集名、期刊名、出版单位、出版年月、页码等）；

⑤ 致谢词；

⑥ 附录：包括计算程序及说明、过长的公式推导等；

⑦ 附件：包括外文文献译文、图纸等。

（2）毕业论文（设计）管理档案装订要求 每生一册，按如下顺序装订。

① 毕业论文（设计）任务书；

② 开题报告；

③ 毕业论文（设计）成绩评分表（指导教师用）；

④ 毕业论文（设计）成绩评分表（评阅教师用）；

⑤ 毕业论文（设计）成绩评分表（答辩小组用）；

⑥ 答辩记录。

若统一印制了《本科生毕业论文（设计）手册》，上交内容填写齐全的手册即可。

15.5 毕业论文（设计）评价

（1）指导教师评语 论文（设计）答辩前，指导教师应对所指导学生的论文（设计）进行认真、全面审查，对学生的外语水平、毕业论文的完成情况及质量、工作能力及态度等写出评语，评定成绩，明确表明是否同意其参加答辩。指导教师用毕业论文（设计）成绩评分表见附表 15-3。

（2）评阅教师评语

学生所在专业指定评阅教师对毕业论文（设计）及图纸进行全面审查，评定成绩，写出评语，明确表明是否同意其参加答辩。评阅教师用毕业论文（设计）成绩评分表见附表 15-4。

15.6 毕业论文（设计）答辩

（1）答辩资格审定 毕业论文（设计）答辩前，学院答辩委员会（小组）对申请参加答辩的学生进行答辩资格审查，确定答辩资格。凡审查不合格者，应令其返工，直到达到要求为止。

审查的主要内容包括：论文（设计）工作量是否达到大纲要求，形式是否符合规定；资料和论据是否可靠、充分，设计的技术措施、计算参数、技术经济指标的选择是否合理；图纸的数量及质量，说明书的文句及书写质量等。

（2）论文答辩要求 参加论文答辩的学生应制作 PPT 论文答辩课件，并准时参加论文答辩会。论文答辩的 PPT 课件内容应清晰明了，重点汇报分析结果和创新点。在论文答辩过程中，学生要准确、简练地回答老师提出的问题，认真记录老师提出的修改建议，答辩秘书应做好答辩记录，毕业论文（设计）答辩记录表见附表 15-5。在论文答辩完成后，通过论文答辩的学生要根据老师提出的修改建议，进一步完善论文内容和格式。

（3）论文成绩评定 由答辩委员会（小组）根据学生答辩情况、答辩记录、指导教师评语、评阅教师评语等写出答辩评语，其主要内容包括：论文（设计）质量，方案的合理性，回答问题的准确程度，表达能力等，确定答辩成绩。答辩小组用毕业论文（设计）成绩评分表见附表 15-6。

根据指导教师评分（30%）、评阅教师评分（30%）和答辩成绩（40%）核定总评成绩，并由答辩委员会主任（组长）签字。论文（设计）成绩评定的等级标准参见 1.5 节内容。

（4）优秀论文评定 优秀毕业论文的比例为 15%，由答辩委员会确定。对于向学校推荐的优秀学士学位论文和不及格毕业论文，应由学院毕业论文领导小组集体讨论确定。校级优秀毕业论文的比例为 5%。获得校级优秀论文一等奖的论文可推荐为省级优秀毕业论文，由学校统一组织实施。

15.7 毕业论文（设计）资料归档

论文答辩结束后，论文答辩小组成员应及时整理毕业论文答辩资料，待收齐所有学生的毕业论文和资料后，送院教学档案室归档。归档资料应符合管理档案装订的要求。

附表 15-1

毕业论文（设计）任务书

论文题目					
学院		专业		班级	

毕业论文(设计)的要求

毕业论文(设计)的内容与技术参数

毕业论文(设计)工作计划

接受任务日期_____年_____月_____日　　　　要求完成日期_____年_____月_____日

学　　　　生_____(签字)　　　　　　　　_____年_____月_____日

指　导　教　师_____(签字)　　　　　　_____年_____月_____日

院　　　　长_____(签字)　　　　　　　_____年_____月_____日

附表 15-2

××大学
本科生毕业论文(设计)开题报告

题目:_____

姓名:_____**学号:**_____

班级:_____**专业:**_____

指导教师:姓名_____**职称**_____

学科_____

××大学教务处

二〇一 年 月 日

说　　明

一、 开题报告前的准备

毕业论文（设计）题目确定后，学生应尽快征求指导教师意见，讨论题意与整个毕业论文（设计）的工作计划，然后根据课题要求查阅、收集有关资料并编写研究提纲，主要由以下几个部分构成。

1. 研究（设计）的目的与意义。应说明此项研究（设计）在生产实践上或对某些技术进行改革带来的经济、生态与社会效益。有的课题过去曾进行过，但缺乏研究，现在可以在理论上做些探讨，说明其对科学发展的意义。

2. 国内外同类研究（同类设计）的概况综述。在广泛查阅有关文献后，对该类课题研究（设计）已取得的成就与尚存在的问题进行简要综述，只对本人所承担的课题（设计）部分的已有成果与存在问题有条理地进行阐述，并提出自己对一些问题的看法。

3. 课题研究（设计）的内容。要具体写出将在哪些方面开展研究，要重点突出。研究的主要内容应是物所能及、力所能及、能按时完成的，并要考虑与其他同学的互助、合作。

4. 研究（设计）方法。科学的研究方法或切合实际的具有新意的设计方法，是获得高质量研究成果或高水平设计成就的关键。因此，在开始实践前，学生必须熟悉研究（设计）方法，以避免蛮干造成返工，或得不到成果，甚至于写不出毕业论文或完不成设计任务。

5. 实施计划。要在研究提纲中按研究（设计）内容落实具体时间与地点，有计划地进行工作。

二、 开题报告

1. 开题报告论证会可在导师所在系（教研室）、专业或院范围内举行，需适当请有关专家参加，导师必须参加。报告最迟在毕业（生产）实习前完成。

2. 本表（页面：16开）在开题报告通过论证后填写，一式三份，本人、指导教师、所在学院（要原件）各一份。

三、 注意事项

1. 开题报告的编写完成，意味着毕业论文（设计）工作已经开始，学生已对整个毕业论文（设计）工作有了周密的思考，是完成毕业论文（设计）关键的环节。在开题报告的编写中指导教师只可提示，不可包办代替。

2. 无开题报告者不准申请论文（设计）答辩。

3. 本表（原件）用钢笔填写，字迹务必清楚。

一、选题依据(拟开展研究项目的研究目的、意义)

二、文献综述内容(在充分收集研究主题相关资料的基础上,分析国内外研究现状,提出问题,找到研究主题的切入点,附主要参考文献)

三、研究方案（主要研究内容、目标，研究方法、进度）

四、进程计划（各研究环节的时间安排、实施进度、完成程度）

五、指导教师对文献综述的评语

签字：_____

年 月 日

六、专业意见

专业主任签字：_____

年 月 日

七、学院意见

学院(章)：

负责人签字：_____

年 月 日

附表 15-3

毕业论文（设计）成绩评分表
（指导教师用）

学院_____专业班级_____姓名_____学号_____

评价内容	具 体 要 求	分值	评分				
			A 1	B 0.9	C 0.8	D 0.7	E <0.6
调查论证	能独立查阅文献和从事其他调研；能正确翻译外文资料；能提出并较好地论述课题的实施方案，综述或调研报告质量较好；有收集、加工各种信息及获取新知识的能力	3					
实验方案设计与实验技能	能正确设计实验方案，独立进行实验工作，如装置安装，调试，操作	6					
分析与解决问题的能力	能运用所学知识和技能去发现与解决实际问题；能正确处理实验数据；能对课题进行理论分析，得出有价值的结论	6					
工作量、工作态度	按期圆满完成规定的任务，工作量饱满，难度较大；工作努力，遵守纪律；工作作风严谨务实	6					
论文（设计）质量	叙述简练完整，有见解；立论正确，论述充分，结论严谨合理；实验正确，分析处理科学；文字通顺，技术用语准确，符号统一，编号齐全，书写工整规范，图表完备、整洁、正确；论文结果有应用价值	6					
创新点	工作中有创新意识；对前人工作有改进或突破，或有独特见解	3					
指导教师评定成绩							

指导教师评语：

指导教师签字：_____

年 月 日

附表 15-4

毕业论文（设计）成绩评分表
（评阅教师用）

学院＿＿＿＿＿＿＿专业班级＿＿＿＿＿＿＿姓名＿＿＿＿＿学号＿＿＿＿＿

评价内容	具 体 要 求	分值	评分				
			A 1	B 0.9	C 0.8	D 0.7	E <0.6
资料查阅与综述(调研)材料	查阅文献有一定广泛性；综述或调研报告质量较好；有综合归纳资料的能力和自己见解	4					
论文(设计)质量	叙述简练完整,有见解；立论正确,论述充分,结论严谨合理；实验正确,分析处理科学；文字通顺,技术用语准确,符号统一,编号齐全,书写工整规范,图表完备、整洁、正确；论文结果有应用价值	15					
工作量、难度	工作量饱满,难度较大	8					
创新	工作中有创新意识；对前人工作有改进或突破,或有独特见解	3					
评阅教师评定成绩							

评阅教师评语：

评阅教师签字：＿＿＿＿＿＿

年　月　日

附表 15-5

毕业论文（设计）答辩记录

答辩日期：_____ 年_____ 月_____ 日 专业：_____

序号		姓名		学号	

以下为答辩记录，在"论文题目及答辩记录"栏目中，填写学生论文题目、汇报情况、答辩小组成员提问、学生回答等答辩过程情况记录。每个学生记录 1 份。答辩小组成员必须签字。

论文题目及答辩记录

答辩小组成员签字

答辩小组组长：

成员：

备注	

记录人（签字）：

附表 15-6

毕业论文（设计）成绩评分表
（答辩小组用）

学院_____专业班级_____姓名_____学号_____

论文题目：						
评 分 指 标	分值	评分				
		A 1	B 0.9	C 0.8	D 0.7	E ＜0.6
工作量	4					
学习态度（选题）	4					
规范要求	4					
实际能力	8					
基础理论与专业知识	4					
学识水平	8					
答辩情况	8					
答辩成绩						
指导教师评定成绩		评阅教师评定成绩				
总评成绩（折算为五级计分）						

答辩小组评语：

年 月 日

答辩小组成员（签字）：

答辩小组负责人（签字）：

说明：1. 指导教师、评阅教师、答辩委员会评定成绩参照标准按实际分数计分，得出总评成绩后，再将综合评定成绩折算为五级（优秀、良好、中等、通过、不通过）计分。

2. 优秀≥90分；良好≥80分；中等≥70分；通过≥60分；不通过＜60分。

参 考 文 献

[1] 李希灿，齐建国．测量学．北京：化学工业出版社，2014.

[2] 潘正风，杨正尧，程效军，等．数字测图原理与方法．武汉：武汉大学出版社，2011.

[3] 刘普海，梁勇，张建生．水利水电工程测量．北京：中国水利水电出版社，2006.

[4] 董斌，徐文兵．现代测量学．北京：中国林业出版社，2012.

[5] 孔祥元，郭际明，刘宗泉．大地测量学基础．武汉：武汉大学出版社，2012.

[6] 许绍铨，张华海，杨志强，等．GPS测量原理及应用．武汉：武汉大学出版社，2011.

[7] 张剑清，潘励，王树根．摄影测量学．武汉：武汉大学出版社，2009.

[8] 张祖勋，张剑清．数字摄影测量学．武汉：武汉大学出版社，2011.

[9] 孙家抦．遥感原理与应用．武汉：武汉大学出版社，2011.

[10] 卢小平，王双亭．遥感原理与方法．北京：测绘出版社，2012.

[11] 黄杏元，马劲松．地理信息系统概论．北京：高等教育出版社，2008.

[12] 马明栋，赵长胜，施群德，等．面向对象的测量程序设计．北京：教育科学出版社，2000.

[13] 詹长根．地籍测量学．武汉：武汉大学出版社，2011.

[14] 张华海，王宝山，赵长胜，等．应用大地测量学．徐州：中国矿业大学出版社，2007.

[15] 梁勇，袁铭，朱红春，等．数字城市建设与管理．北京：中国农业大学出版社，2005.

[16] 浦瑞良，宫鹏．高光谱遥感及其应用．北京：高等教育出版社，2000.

[17] 张良培，张立福．高光谱遥感．武汉：武汉大学出版社，2005.

[18] 童庆禧，张兵，郑兰芬．高光谱遥感原理、技术与应用．北京：高等教育出版社，2006.

[19] 史舟．土壤地面高光谱原理与方法．北京：科学出版社，2014.

[20] 关泽群，刘继琳．遥感图像解译．武汉：武汉大学出版社，2007.